AF611756

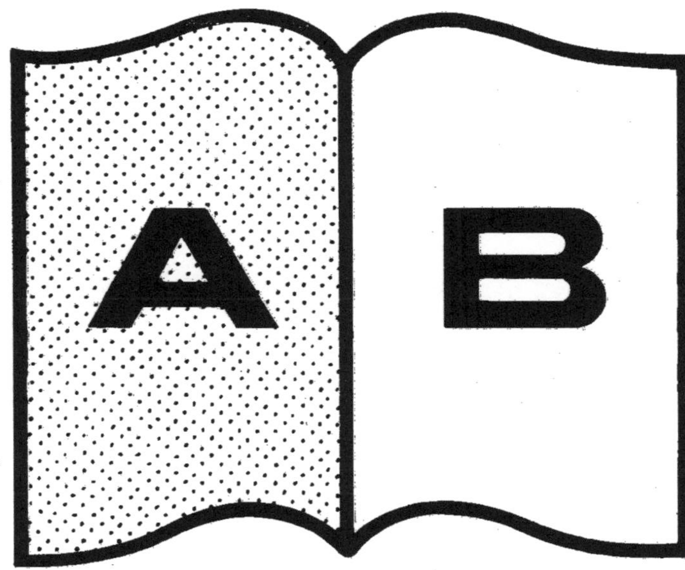
A
B

UNIVERSITÉ DE PARIS

BIBLIOTHÈQUE
DE LA
FACULTÉ DES LETTRES

XV

LA RIVIÈRE VINCENT PINZON

ÉTUDE SUR LA CARTOGRAPHIE DE LA GUYANE

PAR

P. VIDAL DE LA BLACHE

PROFESSEUR DE GÉOGRAPHIE A LA FACULTÉ

AVEC CARTES DANS LE TEXTE ET HORS TEXTE

PARIS
FÉLIX ALCAN, ÉDITEUR
ANCIENNE LIBRAIRIE GERMER BAILLIÈRE ET Cie
108, BOULEVARD SAINT-GERMAIN, 108

1902

UNIVERSITÉ DE PARIS

BIBLIOTHÈQUE

DE LA

FACULTÉ DES LETTRES

XV

LA RIVIÈRE VINCENT PINZON

ÉTUDE SUR LA CARTOGRAPHIE DE LA GUYANE

BIBLIOTHÈQUE
DE LA
FACULTÉ DES LETTRES DE L'UNIVERSITÉ DE PARIS

CHARTRES. — IMPRIMERIE DURAND, RUE FULBERT.

UNIVERSITÉ DE PARIS

BIBLIOTHÈQUE

DE LA

FACULTÉ DES LETTRES

XV

LA RIVIÈRE VINCENT PINZON

ÉTUDE SUR LA CARTOGRAPHIE DE LA GUYANE

PAR

P. VIDAL DE LA BLACHE

PROFESSEUR DE GÉOGRAPHIE A LA FACULTÉ

AVEC CARTES DANS LE TEXTE ET HORS TEXTE

PARIS

FÉLIX ALCAN, ÉDITEUR

ANCIENNE LIBRAIRIE GERMER BAILLIÈRE ET CIE

108, BOULEVARD SAINT-GERMAIN, 108

1902

INTRODUCTION

Le point de vue historique. — Intérêt qu'offre la Guyane dans l'histoire des découvertes. — Guyane et El dorado.

Le mémoire qui va suivre a été composé en 1899 à l'occasion du litige qui existait depuis le commencement du XVIIIe siècle entre la France et le Portugal, plus tard le Brésil, au sujet de la partie méridionale de la Guyane. La décision arbitrale rendue le 1er décembre 1900 par le Conseil fédéral suisse a tranché le différend diplomatique, tel qu'il avait été posé, c'est-à-dire assez peu clairement, par l'article 8 du Traité d'Utrecht. Elle a fixé à l'Oyapok la limite politique.

Ce n'est pas pour raviver ce débat que nous publions ce travail. Notre objet est purement scientifique. Nous avons été frappés, au cours de l'étude à laquelle ces discussions ont donné lieu, de la signification qui se dégageait des documents cartographiques nombreux et divers qui venaient apporter leur témoignage. A mesure que nous pouvions établir leur enchaînement, reconstituer leur filiation, nous étions conduits avec une évidence croissante vers une conclusion qui continue, maintenant encore, à s'imposer à notre esprit : à savoir que la rivière Araguary est bien celle qui correspond à la rivière à laquelle les Espagnols du XVIe siècle donnèrent le nom de Vincent-Pinzon.

Nous avons été heureux de recueillir tout récemment, à l'appui de l'opinion à laquelle nous avaient amenés ces recherches, le témoignage si autorisé de M. le Dr Hamy. Voici en effet comment s'exprime, dans la séance du 21 juin 1901[1], le savant académicien : « Si en droit et politiquement l'Oyapok du cap d'Orange a été reconnu par l'arbitre comme la rivière désignée par les anciens géographes sous le nom de Vincent-Pinzon, en fait et au point de vue scientifique, il semble bien que seul l'Araguary

1. *Académie des Inscriptions et Belles-Lettres.*

soit dans les conditions requises pour pouvoir être assimilé au cours d'eau auquel le hardi navigateur espagnol avait donné son nom ».

On est donc en présence d'une question historique qui survit au débat qui l'avait suggérée. Si je la crois digne d'attirer encore quelque attention, c'est que par elle-même et par les échappées qu'elle ouvre, elle jette un jour sur une partie peu connue de l'histoire des découvertes.

II

La manière dont s'établirent peu à peu des rapports entre la Guyane et l'Europe forme un chapitre spécial de l'histoire du Nouveau-Monde. La première reconnaissance dont cette contrée fut l'objet, fut accomplie dès l'an 1500, par l'un des compagnons mêmes de Christophe Colomb, Vincent Pinzon. Cependant le voyage resta sans effet pratique et fut longtemps sans imitateur. Sans doute les courants et les terribles phénomènes de marée qui sévissent aux abords de la *Mer douce* contribuèrent à rebuter la navigation. Mais surtout il se trouva que cette reconnaissance superficielle des côtes n'avait révélé aucun de ces profits immédiats qui servaient d'appât aux découvertes. « *Non a allado cosa de provecho* », écrit dédaigneusement, en 1529, le cartographe Diego Ribero, du pays compris entre le *Rio dolce* (Essequibo) et le cap San Roque. C'est la raison pour laquelle les entreprises portugaises et espagnoles se tinrent à distance. Entre le Brésil d'une part et la Nouvelle-Andalousie de l'autre, il y eut une vaste étendue de *Côte sauvage*, — nom significatif que les Hollandais lui attribuèrent longtemps, — qui resta à peu près négligée des Européens jusque dans les dernières années du XVIe siècle. Une vie indigène assez active, où les pêcheries et les guerres semblent jouer un grand rôle, continua à se maintenir dans le dédale des îles et lagunes voisines de l'Amazone.

Ce dédain des découvreurs primitifs devint une des causes de l'importance que, plus tard, acquit tout à coup cette région. Lorsqu'à leur tour les Anglais, les Hollandais et les Français cherchèrent à prendre pied sur le continent de l'Amérique du Sud, la contrée était encore disponible. Ils profitèrent de cette brèche pour s'introduire. On savait déjà qu'entre l'Amazone et l'Orénoque il existait des communications fluviales circonscrivant comme en un domaine naturel cette immense partie de terre ferme. Il semblait donc que des dominations nouvelles y dussent trouver un cadre commode. Enfin l'imagination passa au sujet de ces contrées, du dédain par trop hâtif qui avait été le résultat de la première impression, à un engoûment dont les raisons n'étaient pas, d'ailleurs, mieux fondées. Dans le lot de terres nouvelles la Guyane devint une favorite.

Les Anglais, Hollandais et Français s'appliquaient avec un grand zèle à entrer en rapports avec les indigènes. Les relations écrites en témoignent; et l'on en a la preuve dans la nomenclature même qu'ils substituèrent sur leurs cartes à celle de leurs prédécesseurs. A la différence des Portugais et des Espagnols qui avaient créé de toutes pièces une nomenclature à leur guise, ce furent des noms empruntés aux langues indigènes qui désormais figurèrent. Les nouveaux venus cherchèrent à nouer avec les Indiens des relations qui leur permissent de pénétrer dans l'intérieur du pays, ou tout au moins d'obtenir quelques renseignements sur ce qui pouvait s'y trouver.

C'est ainsi que parvinrent à la côte des bruits singuliers, dont les Espagnols établis sur l'Orénoque avaient recueilli les premiers échos. Certaines tribus riveraines de l'embouchure de l'Essequibo, Caraïbes et Yaoïs, racontaient qu'après avoir remonté le fleuve pendant une vingtaine de jours, on pouvait, au moyen d'un portage d'une journée, atteindre un lac immense, au bord duquel existait une ville « qui était considérée comme la plus grande du monde entier », et qui s'appelait *Manoa ou Dorado*[1].

On n'a pas de peine à reconnaître dans cette combinaison les éléments qui avaient servi à forger la fameuse légende. Du fond de la Cordillère orientale où était effectivement célébrée par une des tribus Chibchas une cérémonie consistant à plonger dans le lac sacré de Guatavita leur cacique enduit de poudre d'or, la renommée d'*el hombre dorado* était parvenue jusqu'aux Européens. Tour à tour appliqué à un homme et à une ville, le nom d'*El dorado* devint la merveille dont le mirage provoqua de véritables expéditions, surtout dans la seconde moitié du XVIe siècle.

L'apparition du nom de *Guyana* est liée à ces légendes. Jus-

1. Ces détails sont empruntés à la carte curieusement pittoresque, que Théodore De Bry publia en 1599 à Francfort, d'après des renseignements fournis, dit-il, par un des compagnons qui avaient pris part à l'expédition de Walter Ralegh.

qu'aux dernières décades du XVIe siècle il était resté absent de la cartographie. On ne le trouve ni dans la carte de Mercator en 1569, ni dans celle d'Ortelius en 1570. Mais les noms de Manoa, d'El dorado et de Guyane sont associés dans la carte que Walter Ralegh publia, vers 1595, immédiatement après son expédition. Il nous a paru intéressant de donner ici un extrait de ce document, dont l'original manuscrit se trouve au British Museum [1], et qui n'a été que très rarement reproduit [2].

Ainsi la Guyane se rencontre pour la première fois sur les cartes, non comme contrée maritime, mais comme contrée intérieure, presque encadrée de montagnes. Ralegh, dans le dessin bizarre qui traduisait cartographiquement ce mélange de récits indigènes et d'interprétations européennes, la désigne comme une *vallée*. C'est également ainsi qu'elle est représentée dans une carte manuscrite espagnole, sans nom ni date, d'exécution assez grossière, qui est peut-être antérieure de quelques années à celle de Ralegh [3]. Le nom de Guyana, suivi des mots *oy oro Guani* est circonscrit par une vallée intérieure située immédiatement au sud de l'Orénoque. Cependant ce n'est pas dans cette vallée, mais dans une autre de même type, qui lui est contiguë et se rapproche davantage de l'Essequibo (*Rio duce*), que se trouve El dorado : « *por acqui esta lo q dice el dorado* ». Quant à la côte entre l'Orénoque et l'Amazone, elle porte le nom des Aruacas, peuple voisin de l'Orénoque avec lequel Walter Ralegh trouva les Espagnols en relations.

A peine introduit dans la cartographie, le nom de Guyane commença à prendre un sens générique, comme résumant en lui toutes les idées de richesse qu'on se promettait de la contrée. Cependant dans la mappemonde dont R. Hakluyt a illustré son ouvrage « *Principal navigations* », aussi bien que dans la mappemonde manuscrite de Jean Guérard (1625), il est encore relégué loin de la côte. Jean De Laet, Robert Dudley lui attribuent nettement, au contraire, une acception générale. Toute-

1. Catalogue des cartes manuscrites, n° 17940.

2. Dans le *Hamburgische Festschrift zur Erinnerung an der Entdeckung Amerika's* (Hamburg, t. II, 1892) ; et, d'après cette copie, dans l'atlas publié à Washington (févr. 1897) au sujet de la frontière contestée du Vénézuéla (n° 21).

3. Cette carte figure dans la publication espagnole, *Cartas de Indias* (Madrid, 1877). Elle a été reproduite dans l'atlas accompagnant le premier mémoire du Brésil (n° 13), ainsi que dans l'atlas de Washington cité plus haut, n° 76.

Tableau A

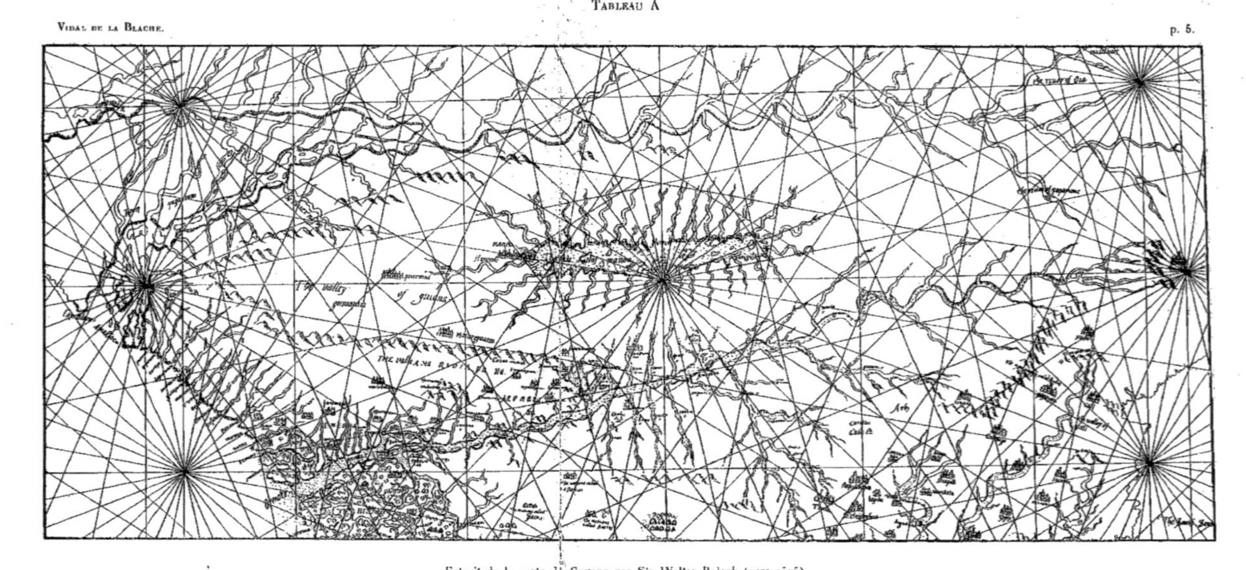

Extrait de la carte de Guyane par Sir Walter Ralegh (vers 1595).

fois les cartes de N. Sanson distinguent encore la *Guyane*, contrée intérieure, de la *Caribane*, contrée maritime.

Quant au prétendu lac Parime et à la fabuleuse ville de Manoa, leur apparition simultanée sur les cartes les plus répandues de la fin du XVIe siècle, celles de Jodocus Hondius, comme de De Bry, atteste quel fut le succès de la légende. Pendant tout le XVIIe siècle ils servirent d'ornement à l'intérieur de cette partie de la terre ferme. Ils continuaient à figurer sur les cartes, par habitude. Guillaume de l'Isle[1] débarrassa définitivement la carte de l'Amérique du Sud de cette épave obstinée : non sans avoir soin de faire remarquer qu'il s'écarte ainsi d'une opinion générale[2].

La Guyane entra donc dans l'histoire avec une auréole légendaire dont il lui resta longtemps quelque chose. Elle continua, d'ailleurs, à présenter l'intérêt d'un développement original dans l'histoire du continent américain. Ses relations, après l'occupation européenne, furent pendant longtemps plutôt liées aux Antilles qu'au reste du continent. C'est parmi les aventuriers établis dans ces îles que les plantations hollandaises, dont les cultures fructueuses ne tardèrent pas à remplacer la recherche d'El dorado, recrutèrent quelques-uns des éléments de leur population. Les pêcheries qui se pratiquaient dans les lagunes du littoral voisines du Cap de Nord, donnèrent lieu à un trafic en partie dirigé vers les Petites-Antilles, pour subvenir aux besoins alimentaires d'une population surabondante. Présentement encore la Guyane ne garde-t-elle pas quelque chose de la singularité qui a présidé à ses destinées ? C'est la seule partie de l'Amérique du Sud où se soient maintenues des dominations européennes.

Nous espérons que ce travail, bien que portant sur un point particulier, sera de nature à rendre sensible l'enchaînement général des faits. On ne pouvait songer à reproduire ici tous les documents cartographiques sur lesquels est fondé cet exposé. Quelques-uns se trouvent dans des collections d'un accès facile. D'autres, plus rares, ont été l'objet de reproductions excellentes dans les atlas publiés par les Gouvernements français ou brésilien

1. Et non Humboldt, comme le dit Oscar Peschel (*Geschichte des Erdkunde*, p. 546).

2. « C'est dans ces quartiers, dit-il, que la plupart des Autheurs (*sic*) placent le lac de Parime et la ville de Manoa del Dorado » (Voir *infrà*, p. 76).

à l'occasion de l'arbitrage [1]. Toutefois, comme ces atlas n'ont pas été mis dans le commerce, nous avons tenu à donner ici quelques extraits de cartes qui ont paru essentielles à la clarté de la discussion.

C'est l'assistance de la Faculté des Lettres de l'Université de Paris qui a rendu possible la présente publication; je lui adresse de grand cœur les remerciements qui lui sont dus.

1. L'*Atlas* qu'a publié le Gouvernement français, et auquel se rapportent les références qui figurent au cours de ce mémoire, se compose de 35 cartes (depuis celle de Sébastien Cabot, en 1544, jusqu'à celle d'Azevedo, en 1862-64), Paris, phototypie Berthaud frères, 1899 (t. III des publications françaises relatives à l'arbitrage).

Le Gouvernement brésilien a publié :

1° Un *Atlas contenant un choix de cartes antérieures au traité conclu le 11 avril 1713 entre le Portugal et la France ; annexe au mémoire présenté par les E.-U. du Brésil au Gouvernement de la Confédération suisse* (91 cartes, depuis celle de Juan de la Cosa en 1500, jusqu'à celle du P. Samuel Fritz en 1707. Paris, Lahure, 1899 ;

2° *Atlas contenant* 3 *cartes levées par la Commission brésilienne d'exploration du Haut-Araguary, sous la direction du capitaine Braga Cavalcante* (1 : 200 000), 1896 ;

3° *Album contenant des fac-simile de quelques documents*. Berne, impr. Stæmpfli, 1899 ;

4° *Atlas de* 86 *cartes, dont* 14 *antérieures au traité d'Utrecht*. Paris, Lahure, 1899.

Il faut ajouter à cette liste les mémoires et réponses publiés par les deux Gouvernements.

LA RIVIÈRE VINCENT PINZON

ÉTUDE SUR LA CARTOGRAPHIE DE LA GUYANE

PREMIÈRE PARTIE

Objet et plan du mémoire.

L'objet de ce mémoire est de rechercher quelle est la rivière que les signataires du Traité d'Utrecht ont entendu désigner sous le nom de rivière de Japoc ou de Vincent Pinzon.

En vertu de l'article 8 de ce traité, Sa Majesté très chrétienne se désiste « de tous droits et prétentions qu'elle peut et pourra prétendre sur la propriété des terres appelées du Cap du Nord, et situées entre la rivière des Amazones et celle de Japoc ou de Vincent Pinzon... ». Il est clair que de la signification géographique de ces derniers mots dépend l'interprétation de toute la clause. S'ils s'appliquent, comme le prétend le Brésil, au fleuve généralement connu, aujourd'hui comme en 1713, sous le nom d'Oyapoc, la limite des territoires auxquels la France renonçait alors, se trouverait par 4° 20′ 40″ de latitude septentrionale. Si au contraire, comme le croit la France, ils désignent l'ancien bras septentrional de l'Araguary, c'est à la latitude de 1° 51′ 20″ Nord que s'arrête la limite des concessions consenties à Utrecht par les plénipotentiaires de Louis XIV.

Il n'y a qu'une manière d'éclaircir cette question géographique, c'est d'interroger les documents et particulièrement les cartes qui ont pu servir de fondement à cette désignation. Il suffirait même, semble-t-il, de consulter les cartes contemporaines du traité, celles que les négociateurs ont pu avoir sous les yeux. Mais en réalité la question ne comporte pas une méthode aussi simple.

Il convient d'abord de remarquer que les deux noms employés comme synonymes pour désigner la même rivière, n'ont pas chacun la même valeur. Celui d'Iapoc ne figure qu'une fois dans le traité; la rivière est de nouveau mentionnée à l'art. 12, mais cette fois sous le nom seul de Vincent Pinzon. Avant 1713, le Portugal avait exprimé l'objet de ses prétentions plusieurs fois : d'abord dans le traité par lequel il accéda à la coalition contre Louis XIV ; puis, lorsque s'ouvrirent les pourparlers en faveur de la paix, dans une série de notes adressées aux plénipotentiaires anglais [1]. Jamais dans ces documents officiels, qu'ils fussent destinés aux États de Hollande, à l'Empereur ou aux Anglais, la rivière sollicitée comme limite n'est désignée autrement que par le nom de Vincent Pinzon. Dans l'usage général ce nom figure à l'exclusion de tout autre ; celui d'Iapoc n'est qu'une variante à l'usage exclusif des Français.

Sans tirer pour le moment d'autre conclusion de la différence que nous venons d'établir, nous pouvons nous en autoriser pour borner provisoirement notre recherche à l'interprétation du nom principal, de celui qui présentait apparemment à lui seul un sens assez clair pour se passer de synonyme. Ce synonyme fera l'objet d'explications qui viendront plus loin ; il est légitime et, pour la clarté de la discussion, désirable de les ajourner.

Même ainsi dégagée, la question reste complexe. On ne tarde pas à reconnaître qu'un examen, qui se bornerait aux documents plus ou moins contemporains des négociations d'Utrecht, n'apporterait pas sur une question, devenue obscure par la faute de la nature autant que des hommes, une clarté suffisante. La période envisagée serait trop courte. Au moment du traité d'Utrecht, le nom de rivière de Vincent Pinzon sentait déjà l'archaïsme, et avait cessé de figurer sur beaucoup de cartes. Dans le silence ou même la contradiction apparente de certains documents, une étude trop strictement limitée ne permettrait pas de dégager une règle critique ; et les conclusions forcément arbitraires qui en découleraient ne feraient que s'ajouter à la série déjà trop longue d'opinions diverses qu'a suscitées le débat.

1. Traité d'alliance offensive et défensive conclu le 16 mai 1703 à Lisbonne, entre l'empereur Léopold, la reine Anne et les États généraux de Hollande, d'une part, Pierre II, roi de Portugal, de l'autre. Art. 22 (*regiones jacentes inter fluvios Amazonum et Vincentii Pinzonis*).

Memorandum portugais remis à la Cour d'Angleterre, le 14 déc. 1711 : art. 5.
Note portugaise adressée au plénipotentiaire anglais envoyé au Congrès d'Utrecht.
Memorandum du 5 mars 1712, formulant les demandes du Portugal : art. 2.

Les documents cartographiques s'éclairent les uns par les autres. C'est en comparant entre elles les cartes anciennes qu'on peut discerner leur filiation, opérer un classement propre à nous édifier sur leur valeur respective. Mais il faut embrasser un assez long espace de temps pour que de telles comparaisons soient instructives. Dans le problème géographique dont il s'agit ici, cet espace doit s'étendre jusqu'aux origines de la dénomination en cause. Après avoir cherché où et comment elle s'est établie, on pourra voir de quelle manière et à quel moment elle s'est propagée ; et si elle a subi des éclipses, ou bien s'il y a des divergences dans la position qui lui est assignée sur diverses cartes, un principe de jugement sera fourni par l'examen des provenances et des dates. Le chemin peut paraître long, il est pourtant le plus sûr. Quand il s'agit de fixer un texte controversé, on remonte au manuscrit primitif ; le géographe doit procéder ici comme le philologue, pour dégager la vraie leçon à travers la multiplicité des variantes.

Qu'on nous pardonne ces explications : Elles étaient nécessaires pour nous justifier de remonter, dans une discussion déjà fort rétrospective, jusqu'à deux siècles encore en arrière du traité d'Utrecht !

Ce mémoire se composera donc de plusieurs parties, répondant à autant de périodes historiques :

La première s'ouvre avec le voyage de Vincent Pinzon (1500), et se ferme au moment de l'expédition de Walter Ralegh (1595), date importante dans la cartographie de la région qui nous occupe.

La seconde comprend le XVIIe siècle, et se prolonge jusqu'au traité d'Utrecht.

Un appendice sera consacré à passer rapidement en revue les documents cartographiques propres à montrer l'interprétation qui fut donnée à l'article 8 du traité d'Utrecht, jusqu'au moment où un nouveau traité, celui de 1797, fut conclu entre le Portugal et la France.

A l'appui de cette exposition, on a jugé utile de reproduire un certain nombre de cartes, choisies parmi celles qui peuvent apporter un témoignage important dans la question[1]. Elles ont été photographiées sur les documents originaux qui sont conservés,

1. Ce sont les cartes dont se compose l'atlas publié par le Gouvernement français, et dont nous parlons plus haut. Quelques-unes ont été reproduites ici, du moins en partie. Quant aux autres, elles sont désignées par des références qui se rapportent à cet atlas.

les uns aux archives du Ministère des affaires étrangères, les autres au Service hydrographique de la marine, le plus grand nombre au Département géographique de la Bibliothèque nationale.

Mais pour retracer, même sur un point très particulier, l'évolution de la cartographie, un recueil, nécessairement fort limité, ne saurait suffire. Plusieurs documents, qu'on trouvera cités dans le présent mémoire, ne figurent pas dans ce recueil. Ils sont empruntés à des collections autorisées, où il serait facile de les collationner. Voici, par ordre alphabétique, la liste des sources auxquelles on a surtout puisé :

1° Henry Harrisse : *The discovery of north America, a critical, documentary, and historic investigation, etc.* Paris, H. Welter; London, H. Stevens, 1892.

2° Konrad Kretschmer : *Die Entdeckung Amerika's in ihrer Bedeutung für die Geschichte des Weltbildes, etc.* Atlas. London, Sampson Low ; Berlin, W. Kühl; Paris. H, Welter, 1892.

3° Gabriel Marcel : *Reproduction de cartes et de globes relatifs à la découverte de l'Amérique* ; Paris, Ernest Leroux, 1896 ; un volume de texte et un atlas.

4° A.-E. Nordenskiœld : *Fac-simile Atlas, with reproductions of the most important maps printed in the XV and XVIe centuries ;* trad. angl., Stockholm 1889.

5° Id. : *Periplus, an Essay of the early history of charts and sailing-directions;* trad. angl., Stockholm, 1897.

6° Justin Winsor : *Narrative and critical history of America.* London, Sampson Low, etc. (particulièrement t. VIII, 1889).

CHAPITRE PREMIER

Nom du navigateur. — Circonstances du voyage racontées par des témoins oculaires. — Résultats qui en découlent. — Les phénomènes décrits avec le plus d'insistance se localisent entre l'embouchure de l'Amazone et le commencement de la *Côte noyée*.

Le voyage de Vincent Pinzon. — Vicente Yañez était le plus jeune des trois frères Pinzon, célèbres armateurs de Palos, qui accompagnèrent Christophe Colomb dans son premier voyage. Les documents contemporains[1] le désignent généralement sous le nom de Vicente Yañez, ou, en un seul mot, Vicetiañez ou Vincentiañez, de préférence au vocable jugé trop long Vicente Yañez Pinzon. Ce n'est que plus tard (1529) qu'on le trouve désigné sous le nom de Vincent Pinson; plus tard encore, sous le nom de Pinzon sans prénom[2]. Mais il n'y a pas, à ma connaissance, d'exemple authentique où il soit appelé Vincent tout court.

Le voyage qui nous intéresse dura du 18 novembre 1499 au 30 septembre 1500. Dans la donation promulguée, l'année suivante, pour récompenser les services de Vincent Yañez, voici comment en sont résumés les résultats : « Vous découvrîtes cer-

1. Les écrits contemporains qui retracent les circonstances de ce voyage de Vincent Yañez sont : 1° la capitulation (acte de donation) de Vicente Yañez Pinzon, datée du 5 septembre 1501 (publiée par M. da Silva, dans son livre l'*Oyapoc et l'Amazone*, t. II, p. 479);

2° Une relation abrégée dans l'écrit de Fracanzano intitulé *Paesi novamente ritrovati* et *Novo Mondo* (Vicence, 1507);

3° Une autre, dans le livre de Pierre Martyr d'Anghiera, de *Orbe novo*, 1re décade, ch. 9 (première édition en 1516);

4° Les dépositions des témoins devant le Fiscal à l'occasion du procès contre Diégo Colon, publiées par Navarrette, *Coleccion de los viages y descubrimentos* (Madrid, 1829), t. III, p. 547 et suiv.;

5° Oviedo, *Historia general y natural de las Indias* : livre 21, ch. 3; livre 24, ch. 2.

2. Légende qui accompagne le Globe de Philippe Apian, construit en 1576 (Biblioth. de Munich).

taines îles et terre ferme, auxquelles vous imposâtes les noms suivants : Santa Maria de la Consolacion, Rostro Hermoso ; ensuite, vous suivîtes la côte qui court au Nord-Ouest jusqu'au grand fleuve que vous appelâtes Santa Maria de la Mar dulce, et toujours en suivant le Nord-Ouest, toute la terre qui s'étend jusqu'au cap de San Vicente... » On ne sait pas quel est ce cap Saint-Vincent ; mais quant aux deux extrémités de la côte américaine reconnue par Vincent Yañez, les autres documents contemporains ne laissent pas de doute : commencée au cap Santa Maria de la Consolacion, qui quelques années après prit le nom de Santa Cruz ou de cap Saint-Augustin, par 8 degrés environ de latitude méridionale, la reconnaissance se termina à la bouche du Dragon, par 10 degrés Nord, où elle se reliait aux découvertes de Colomb.

Parmi les circonstances consignées dans les premiers récits de l'expédition, aucune ne revient plus souvent que la rencontre de cette « mer douce », où les navigateurs purent renouveler leur provision d'eau potable[1]. Cherchant d'où pouvait venir cette eau, ils découvrirent que c'était celle d'un fleuve à l'embouchure duquel se trouvaient de nombreuses îles peuplées[2]. C'est dans ces parages qu'ils furent assaillis par un violent mascaret[3]. Ils firent connaissance avec la région située au bord occidental du fleuve, qu'ils désignent sous le nom de côte de Paricura. On est en droit de supposer que c'est dans cette région que, suivant le rapport de Pierre Martyr, « ils firent de nombreuses descentes », qu'ils recueillirent des pierres que certains connaisseurs, en Espagne, estimèrent être des topazes[4]. Il vint un moment, en effet, où il ne leur fut plus possible de se tenir à proximité des terres : l'existence de bas-fonds, la nature « noyée » de la côte, les força à reprendre le large jusqu'à Paria ou à la bouche du Dragon[5].

Lorsqu'Oviedo publiait (de 1535 à 1548) son *Histoire générale des Indes*, fruit d'informations si personnelles, le souvenir qu'évoquait, sous sa plume le nom de Vincent Pinzon, était la découverte du grand fleuve, accompagnée des circonstances qui viennent d'être retracées. Il les tenait, dit-il, de la propre bouche du

1. Pierre Martyr, I, 9.
2. Paesi novamente ritrovati, l. IV, p. 212.
3. Déposition d'Antoine Hernandès Colmenero (Navarrette, III, p. 548).
4. Pierre Martyr, *ib.* — Cf. Keymis, dans Hakluyt, *Voyages, Navigations*, etc., t. III, p. 687. London, 1600.
5. Déposition de Garcia Hernandès (Navarrette, *ouvr. cité*, ib., p. 549).

voyageur. C'est à titre de premier découvreur du fleuve Marañon qu'il est cité par lui[1]. Et plus tard les cartographes qui, comme Gérard Mercator, se piquaient d'érudition, se faisaient un devoir de rappeler ce nom que la gloire plus recente d'Orellana risquait d'éclipser[2].

Les phénomènes géographiques, que ces récits oculaires permettent d'entrevoir, se localisent manifestement entre le canal du Nord de l'embouchure de l'Amazone, et une côte noyée qu'on rencontre en se dirigeant vers le Nord-Ouest. Dans la saison où s'accomplissait le voyage de Vincent Yañez, il est possible de faire de l'eau douce le long du bord au mouillage de la pointe Nord de l'île Baïlique[3]. La région où se fait sentir le *pororoca* est restreinte, dans le canal du Nord, à la partie comprise entre la terre ferme et la série des îles basses[4]. A l'Est de ce chenal il n'en est plus trace; mais au Nord-Ouest le phénomène sévit dans toute sa force. A l'embouchure actuelle de l'Araguary, dans le canal de Tourlouri, dans celui de Carapapori, la côte porte la trace de ses dévastations.

Il est plus malaisé de définir où commence la « côte noyée » dont les navigateurs de 1500 durent éviter les approches. D'Anville, dans sa carte de 1729[5], nous montre au Nord du Carsevenne une côte dont les habitants « demeurent sur les arbres dans des savanes inondées par la mer. » Où commence en réalité cette *costa anegada*[6]? On peut affirmer en tout cas que les terres du

1. Oviedo, *ouvr. cité*, livre XXI, ch. 3; livre XXIV, ch. 2. « Ce fut le premier Espagnol qui fit connaître ce grand fleuve et qui le vit; et je lui ai entendu dire qu'il l'avait découvert en l'an 1500, et qu'il avait recueilli de l'eau douce dans la mer. »

2. Carte de Gérard Mercator, publiée en 1569 (Atlas, n° 4). On y lit cette légende: « Marannon fluvius inventus fuit a Vincentio Joannez Pinçon anno 1499, et anno 1542 totus a fontibus fere ad ostia usque navigatus a Francisco Orellana leucis 1660, mensibus octo. Dulces in mari servat aquas usque ad 40 leucas. »

3. Carte du commandandant Mouchez. Légende (éd. de 1868): « A ce dernier mouillage (pointe Nord de l'île Baïlique), on peut faire de l'eau douce le long du bord depuis le mois de janvier jusqu'au mois de septembre. »

4. Tardy de Montravel, *Instructions pour naviguer sur la côte septentrionale du Brésil et dans le fleuve des Amazones* (Annales maritimes et coloniales, avril 1847), p. 47.

5. Atlas, n° 22. — Cf. De l'Isle, dans sa carte de 1703 (*ib.*, n° 20): on trouve entre le Carsevenne et le cap d'Orange ces mots *Costes inondées*.

6. *Costa anegada*, dans la carte de Juan de la Cosa (1501), termine un groupe de noms voisins de l'Équateur, et placés évidemment d'après les indications de Vincent Yañez Pinzon. Au point où la carte est traversée par la ligne de l'Équateur, la

cap de Nord n'en font pas partie. D'après les instructions nautiques du commandant Tardy de Montravel, « elles sont sensiblement plus élevées que les côtes voisines[1]. » On peut en exclure aussi la côte entre le canal de Carapapori et le Carsevenne, qui, d'après le commandant Mouchez, est haute de 15 à 20 mètres.

Sans vouloir tirer de ces indications plus qu'elles ne peuvent donner, on peut reconnaître qu'elles sont de nature à orienter la recherche. Aucune partie du voyage n'eut un retentissement plus durable que celle qui eut pour théâtre le canal septentrional de l'embouchure Amazonienne et la côte qui lui succède au Nord-Ouest, jusqu'au point où la nature amphibie du littoral en écarta les navigateurs.

nomenclature, qui présentait une lacune, recommence et on lit, en allant vers le Nord :

Costa plaida
Mas alta la mar que la tierra
Ysla de S. Telmo
G. de S. Mj^{n}
El macareo (Le mascaret ?)
Costa anegada.

Puis, nouvelle interruption, cette fois intentionnelle ; et la nomenclature recommence, vers Nord-Ouest, par le mot Tierra de S. Anbrosio, etc.

1. Tardy de Montravel, *ouvr. cité*, p. 48.

CHAPITRE II

PREMIÈRES CARTES PUBLIÉES EN ESPAGNE APRÈS LE VOYAGE DE VINCENT PINZON

Cartes de Juan de la Cosa, de Vincent Pinzon, d'André de Moralès. — Fondation du service géographique de Séville (1508). — Le *Padron real*. — Place de Vincent Pinzon dans cette organisation. — Autorité que méritent les cartes émanées de ce service.

Premières cartes publiées en Espagne après le voyage de Vincent Pinzon. — Au moment où Vincent Pinzon rentrait à Palos (30 sept. 1500), un autre compagnon du premier voyage de Christophe Colomb, le pilote basque Juan de la Cosa, professeur de cartographie à l'école de pilotes depuis longtemps établie à Cadiz, achevait la mappemonde qui, datée de 1500, est la plus ancienne carte d'Amérique que l'on connaisse[1]. Il se hâta d'y insérer ce qu'il put apprendre de l'expédition tout récemment débarquée. Mais Vincent Yañez, de son côté, rapportait de son voyage une carte, ou plutôt les éléments d'une carte, qu'il rédigea plus tard et qui fut insérée dans le *Padron* de Son Altesse[2]. » Enfin, il y avait eu presque en même temps que celle de Pinzon une autre expédition espagnole, celle de Diego de Lepe, qui avait visité à peu près les mêmes parages et était rentrée un ou deux mois après à Palos. Le *pilote royal* André de Morales fut chargé de condenser dans une carte les résultats des deux expéditions : cette carte, probablement exécutée vers 1502, jouit d'une grande autorité et resta longtemps considérée comme la meilleure[3].

De ces trois documents le seul, malheureusement, qui nous

1. L'original se trouve au Musée de marine de Madrid. On en trouve des reproductions dans Jomard, *Monuments de la géographie*, pl. 16 ; Ruge, *Zeitalter der Entdeckungen*, p. 324 ; Kretschmer, Atlas, pl. 7 ; Nordenskiœld, *Periplus*, pl. 43.
2. Déposition de Pedro de Ledesma, extraite des Archives ms. des Indes, *Probanzas del fiscal*, et publiée par Harrisse, *Discovery of North America*, p. 416.
3. Harrisse, *Discovery of North America*, p. 421.

soit parvenu est celui qui, rédigé au moment même du retour de Vincent Yañez, ne put qu'enregistrer précipitamment quelques-unes de ses communications. Encore l'exemplaire unique que l'on possède à Madrid n'est-il peut-être qu'une copie de la carte originale de Juan de la Cosa. Il a, néanmoins, son intérêt dans la question, comme la première traduction cartographique qui ait été donnée du voyage ; traduction hâtive, il est vrai, dans laquelle la nomenclature est loin d'être fixée[1] ; premier écho de la découverte.

Fondation du Service cartographique de Séville. — Jamais les voyages et les reconnaissances géographiques ne se sont succédé plus vite que dans ces premières années du XVIe siècle. Entre les renseignements qui affluaient de toutes parts, une confusion inextricable risquait de s'introduire. Cette préoccupation dicta au gouvernement castillan une série de mesures. Il fonda, par une ordonnance datée du commencement de 1503, la *Casa de la Contratacion de las Indias,* établissement siégeant à Séville et destiné à connaître de toutes les entreprises concernant le nouveau monde. Il était expressément commandé d'y concentrer tous les instruments, « *todos los aparejos* » relatifs à ces entreprises. Le même gouvernement alla plus loin quelques années après : une ordonnance du 6 août 1508 créa, auprès de la Casa de la Contratacion, un véritable Service cartographique, dont la principale fonction devait être de dresser et de tenir au courant une carte-modèle, ayant un caractère officiel, et destinée à être communiquée aux navigateurs dûment autorisés[2]. Cette carte porta le nom de *Padron real.* Les éléments pour la composer ne manquaient pas : c'étaient les croquis rapportés par les navigateurs et déposés aux archives de la Casa de Contratacion ; fond qui s'accroissait tous

1. Autant qu'on en peut juger dans l'état mutilé du document, les noms que, d'après l'acte cité plus haut (Capitulation de 1501), Vincent Yañez avait assignés à divers points de la côte, sont loin de figurer tous dans la carte de Juan de la Cosa. *P. fermoso* correspond sans doute au *Rostro hermoso* cité dans la Capitulation. Peut-être est-il permis de reconnaître, dans *G° de St Mj^a*, la *Santa Maria de la mar dulce.* Mais on cherche vainement le nom de *Santa Maria de la Consolacion* à la place du cap initial. On lit, il est vrai, une légende qui consacre la gloire du découvreur : « Este cabo se descubrio en ano de mil y CCCCXCIX por Castilla, syendo descobridor Vicentiañs. » — « Ce cap fut découvert en l'an 1499 pour la Castille, le découvreur étant Vicentiañes. »

2. Navarrette, Coleccion de los viages, etc., t. III, p. 299 (Documents, n° IX).

les jours, car chaque pilote devait fournir au retour la carte de son voyage. Dans les instructions qui sont fournies aux navigateurs, on attire particulièrement leur attention sur la nomenclature : « Donnez, dit le rescrit royal, aux localités que vous aurez découvertes des noms appropriés avec toute l'exactitude et le soin possible. » Là surtout l'anarchie se faisait sentir.

La direction de ce Service fut confiée à Améric Vespuce, avec le titre de *Piloto-mayor*. Il fut assisté d'une commission de pilotes royaux, dont firent partie Juan Diaz de Solis et Vincente Yañez Pinzon[1], sans doute en 1509, à leur retour de l'expédition qu'ils accomplirent ensemble dans la mer des Antilles et au sud du Brésil. Une première édition du Padron real dut rapidement suivre l'ordonnance; il en existait du moins une en 1513, puisque, comme on l'a vu, une des dépositions du Procès du Fisc, à cette date, nous apprend que la carte rédigée par Vincent Pinzon avait été insérée « au *Padron* de Son Altesse ».

Ainsi Vincent Pinzon est associé, comme un des collaborateurs principaux, à l'œuvre officielle qui a pour objet de dresser la carte et de fixer la nomenclature. Il est naturel que son nom, comme celui de Solis, son collègue qui devait en 1512 succéder à Améric Vespuce dans le poste de *Piloto-mayor*, ait trouvé place dans la nomenclature ainsi constituée[2]. Si le Padron real restait dans les Archives de la Casa de Contratation, des copies en circulaient, non pas à la dérobée, mais vendues par le Service cartographique à des prix déterminés[3]. De telle sorte qu'un nom figurant dans l'exemplaire officiel et ses dérivés devait ainsi pénétrer et faire peu à peu son chemin, du moins dans les œuvres cartographiques qui par leur provenance se rattachaient plus ou moins directement aux originaux de l'École officielle de Séville.

Ces considérations nous permettent de poser une règle critique. Sans doute elles n'excluent pas certaines chances de varia-

1. Herrera, décade I, livre 7, ch. 1. — Sur l'organisation du service géographique de Séville, consulter : Kohl, *Die beiden ältesten Generalkarten von Amerika*. Weimar, Institut géographique, 1860. — Harrisse, *Discovery of North America*, 2e partie, ch. 1 et 2.

2. Le nom de Solis fait son apparition dans la nomenclature des cartes à peu près en même temps que celui de Vincent Pinzon : « *Fluve de Jehan de Solis* » (La Plata), dans la carte manuscrite accompagnant le récit du voyage de Magellan par Antonio Pigafetta (1522). — *Terra de Solis* (embouchure de La Plata), dans la carte de Diego Ribero (1529).

3. Harrisse, *Discovery*, etc., *ib.*, p. 263.

tions et d'erreurs. Les remaniements fréquents du *Padron real*, les difficultés d'adaptations, le hasard des copies plus ou moins soignées qui couraient le monde, ouvraient la porte à des occasions nombreuses d'infidélités dans la reproduction du texte officiel. — Mais, tout en faisant à ces causes de confusion une part, qu'il convient en effet de faire assez large, il est légitime d'admettre que l'origine officielle des documents où figure pour la première fois une rivière de Vincent Yañez ou Vincent Pinzon, confère à la leçon qu'ils adoptent une garantie sérieuse d'authenticité et de fixité. On n'est pas en présence d'une attribution vague, sur laquelle pouvait s'exercer librement la fantaisie des cartographes. Ces cartes officielles de Séville, émanant des principales autorités géographiques, reposaient sur un fond d'archives. Tant, du moins, que l'institution conserva sa vigueur, elles furent remaniées d'après des matériaux qui restaient à la disposition des auteurs, et qu'on pouvait toujours consulter. Si, dans les difficultés sans cesse renaissantes des adaptations nouvelles, un nom venait à être dérangé de sa position véritable, il y avait toujours moyen de remédier plus tard, par un recours direct aux sources à une erreur temporaire.

CHAPITRE III

ANCIENNES CARTES DE L'ÉCOLE DE SÉVILLE

Carte de Turin (1523). — Carte de Weimar (1527). — Les deux cartes de Diego Ribero (1529). — Cause probable de la transposition du nom de Rivière de Vincent Pinzon dans les trois dernières cartes.

Première carte de l'École sévillane. — C'est, comme il fallait s'y attendre dans une œuvre émanée, peut-être indirectement, mais sûrement de la cartographie officielle de Séville, que nous rencontrons pour la première fois, une rivière portant le nom de *Vicẽtianès*.

Cette carte, conservée à la Bibliothèque royale de Turin, ne porte ni nom d'auteur, ni date[1]. Mais, d'après les indications intrinsèques, elle doit avoir été composée dès 1523 ; c'est une œuvre très soignée dont la nomenclature est espagnole ou latine, avec très peu d'éléments portugais. Au point où le coude du Brésil se détache, sous une forme beaucoup trop effilée, de la masse du continent, on remarque, par 3° et demi de latitude australe et par le 330° degré de méridien à l'Est des Canaries, une large échancrure littorale dont le bord occidental porte le nom de *Costa de Paricura*. Ce nom équivaut à un signalement : c'est celui par lequel, dans sa déposition personnelle devant le Fiscal, Vincent Pinzon désigne la province immédiatement contiguë à la mer d'eau douce[2]. Or, le premier nom de rivière qui succède à l'Ouest à celui de *Paricura*, est le *Rio de Vicẽtianès* (*sic*).

1. Carte sur parchemin ; la partie américaine a été publiée pour la première fois par M. Harrisse, *Discovery*, etc., table 19.

2. Navarrette, *ouvr. cité*, t. III, p. 547. Le *cap de Consolacion*, « qu'on appelle aujourd'hui cap de Saint-Augustin », la *mer douce*, et tout à côté « la province qui s'appelle *Paricura* », après laquelle il longea la côte jusqu'à la Bouche du Dragon : tels sont les seuls points signalés par Vincent Pinzon dans la déposition où il résume son voyage, le 21 mars 1513. — Pierre Martyr (*Décade*, I, 9) précise la

Cette carte, un des rares documents de l'époque qui aient survécu, nous présente sans doute l'interprétation adoptée avant un remaniement du *Padron real* qui dut avoir lieu en 1526. On sait

TABLEAU I

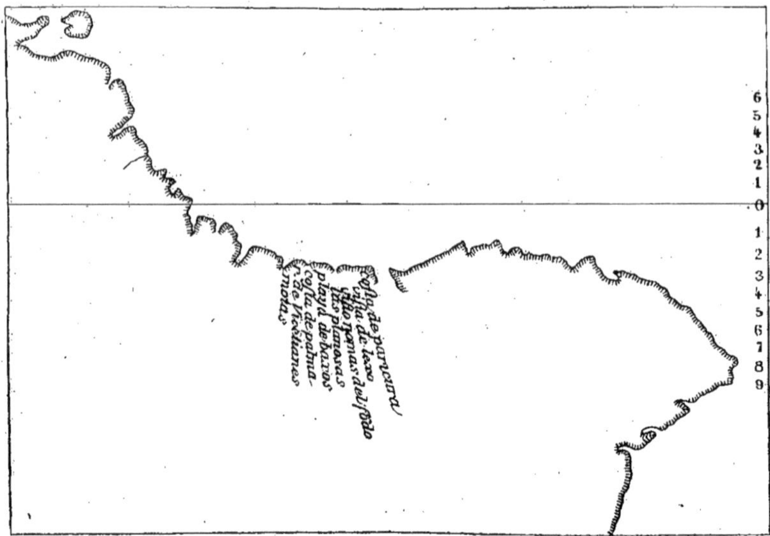

Extrait de la carte sévillane de 1523 (Turin).

du moins que, cette année, il y eut un ordre royal pour la refonte

position de *Paricora* (sic); elle est contiguë au grand fleuve, à l'Ouest. — Ce nom de Paricura revient souvent, toujours à l'Ouest de la mer douce, dans la cartographie de la première moitié du XVIe siècle. Ex. :

1527, Carte de Vesconte de Maggiolo (Bibl. ambrosienne), reproduite dans Harrisse, *Discovery*, t. X.

1527, Carte anonyme de Weimar (Kohl, *Die beiden ältesten Generalkarten von Amerika*, Weimar, 1860).

1529, Cartes de Diego Ribero (voir plus bas).

1532 (?) Carte anonyme (Kunstmann, *Atlas*, pl. VI).

1543, Atlas de Battista Agnese (Bibl. nat. de Paris).

1556, Atlas d'Angelus Eufredutius d'Ancône (Kretschmer, pl. XXI).

Il se fait plus rare ensuite. Mais on le retrouve, sous la forme *Paricori*, dans la carte de l'Amazone insérée par R. Dudley dans son *Arcano del mare* (Atlas, 13 *bis*). Il désigne probablement les Indiens *Palicours*, peuple adonné à la pêche (La Barre), désigné comme ami des Français dans la carte de d'Anville (*Atlas*, n° 22), habitant les marges orientales de la Guyane.

de la carte, et qu'un des principaux personnages de la commission chargée de ce soin était Diego Ribero, un des cosmographes de S. M. Un résultat du travail auquel elle se livra nous est connu par trois cartes, qui se ressemblent beaucoup, l'une de 1527, les deux autres de 1529, celles-ci signées de Diego Ribero[1].

Elles corrigent, en effet, la carte précédente. On est frappé, en voyant ces cartes de Ribero, de la fidélité générale du contour; et ce n'est pas un mince témoignage à l'honneur de l'École

TABLEAU II

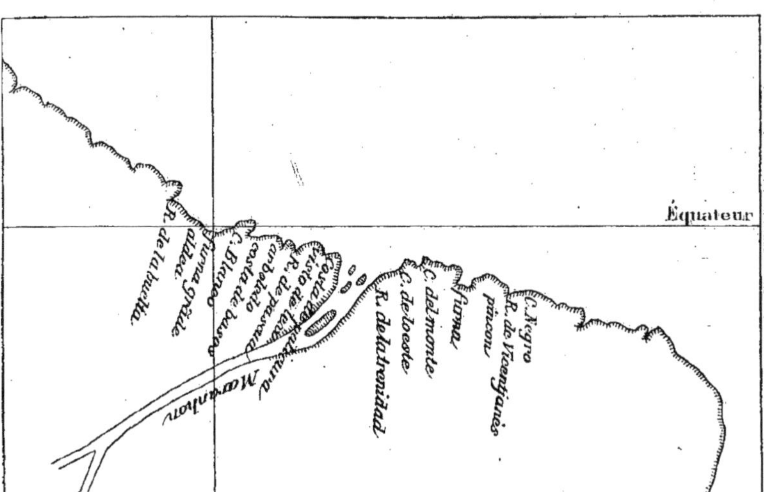

Extrait de la carte sévillane de 1527 (Weimar).

de Séville, que la correction avec laquelle elle représentait, à cette date, les trois quarts du profil de l'Amérique du Sud. L'em-

1. La première de ces cartes, datée de 1527 à Séville, faite par un « cosmographe de S. M. », mais sans nom d'auteur, se trouve à la Bibliothèque grand-ducale de Weimar. Elle a été publiée, avec beaucoup de soin et de science, par Kohl, *Die beiden ältesten Generalkarten von Amerika*, Weimar, Institut géogr., 1860. Les deux autres sont datées de 1529 et signées de Diego Ribero, Portugais qui entra en 1519 au service de l'Espagne, comme cosmographe de S. M., « maestro de hacer cartas. » L'une d'elles est conservée à Weimar, et après avoir été reproduite par Kohl (*ouvr. cité*), a trouvé place dans l'Atlas de Kretschmer (pl. 15). L'autre, à plus grande échelle, est à Rome, au Musée de la Propagande ; une reproduction, il est vrai de seconde main, figure dans le *Periplus* de Nordenskiœld (pl. 48 et 49).

bouchure du grand fleuve, indiqué mais innommé dans la carte de Turin, prend ici le nom de Marañon et se trouve plus rapprochée de l'Équateur, ainsi que la *Costa de Paricura,* qui l'accompagne fidèlement à l'Ouest. Sous l'Équateur même, à l'intersection de la ligne de démarcation et du premier méridien, une grande baie (*Furna grande*) est dessinée : c'est là évidemment une indication qui se rapporte au canal septentrional de l'embouchure amazonienne. Il faut reconnaître toutefois que si le fleuve appelé Marañon ne peut guère être identifié qu'avec la rivière de Para, il s'en trouve éloigné de 85 lieues environ, presque du double de la distance réelle. L'erreur n'était pas nouvelle, et surtout, comme nous verrons, elle devait avoir la vie dure.

Qu'est devenue dans ce remaniement la rivière de Vicente Yañez ? Elle figure sous ce nom dans la carte de 1527, sous celui de *Vicēte pīson* dans les cartes de Ribero, mais cette fois à l'Est du fleuve Marañon, en pleine côte du Brésil.

On a eu recours, pour expliquer cette anomalie, à une circonstance que mentionne le récit de Pierre Martyr : Entre le cap Saint-Augustin et « la mer d'eau douce », une barque détachée de l'expédition s'engagea dans une rivière où les navires ne pouvaient pénétrer faute de fond, et une partie des hommes qui la montaient trouva la mort dans une échauffourée avec les Indiens. Est-ce le souvenir de cet épisode, d'intérêt plutôt narratif que géographique, dont il n'est pas même dit un mot dans la déposition de Vincent Pinzon, qu'on aurait voulu associer ainsi à la commémoration du voyageur ? Le témoignage antérieur de la carte de 1523 rend cette explication peu vraisemblable. On s'expliquerait mal un déplacement intentionnel en faveur d'un site bien moins justifié que le précédent par l'importance de la découverte géographique.

Il y a peut-être une explication plus simple. Ces remaniements de cartes s'opéraient, à cette époque, par voie de modifications qui ne portaient jamais sur de grands espaces. Une partie de la côte était corrigée, sans qu'on s'inquiétât toujours de la partie voisine. Il est fort possible que dans le déplacement qui a affecté le fleuve Marañon et la côte de Palicura, que l'on a voulu rapprocher de l'Équateur, la rivière de Vincent Pinzon ait été laissée de côté. Au lieu de participer au mouvement de son groupe, elle serait restée en 1527 et 1529 à la place qu'elle occupait à peu près dans la carte de 1523.

Il ne faut pas oublier que les cartographes n'opéraient qu'avec force tâtonnements et un peu à l'aveugle sur ces parages. Les côtes de l'Amazonie étaient alors fort peu explorées. Diego Ribero le déclare, dans une légende significative qu'il a placée sur sa carte entre la *Furna grande* et l'embouchure du fleuve Marañon :

« Sur toute cette côte, dit-il, depuis le Rio dulce jusqu'au cap San Roque il ne s'est trouvé rien qui valût la peine ; cette côte fut visitée une fois ou deux, lorsque les Indes furent découvertes, et depuis personne n'y est revenu. Le Rio de Marañon est très grand, et les navires y entrent pour faire de l'eau douce ; jusqu'à 20 lieues en mer ils puisent de l'eau douce. »

Ces derniers mots montrent toutefois qu'on n'avait pas perdu le souvenir des récits de Vincent Yañez Pinzon.

CHAPITRE IV

PLACE DE LA RIVIÈRE VINCENT PINZON DANS LE PADRON REAL ET DANS LA CARTE DE SÉBASTIEN CABOT

Le *Padron Real* rédigé en 1536, d'après Oviedo, par Alonzo de Chaves. — Confusion sur l'embouchure du Marañon. — Mappemonde de Sébastien Cabot (1544). — Carte de Diego Gutierrez (1550). — Ces deux cartes placent correctement l'embouchure de l'Amazone. — Tableau résumant les nomenclatures des cartes de type sévillan, dans la première moitié du XVIe siècle.

Place de la Rivière Vincent Pinzon dans le Padron réal. — Il y eut en 1536, sur l'ordre de Charles-Quint, une édition refondue et corrigée du *Padron real*[1]. C'est à partir de cette date qu'on trouve la rivière Vincent Pinzon occupant, invariablement, la même place sur les cartes émanées ou inspirées des ateliers de Séville. — Celui qui portait alors en Espagne (depuis 1518) le titre de *Piloto-mayor*, était Sébastien Cabot ; mais, bien qu'il fût de retour, depuis 1530, de son expédition sur les bords de la Plata, ce n'est pas lui qui semble avoir dressé cette carte nouvelle. Il est bien probable qu'elle ne fut pas faite sans sa participation ; mais, au témoignage d'Oviedo, c'est Alonzo de Chaves qui en fut l'auteur[2]. Depuis que Diego Ribero était mort (1533), Alonzo de Chaves était le plus actif des cosmographes officiels du Bureau de Séville.

Nous ne possédons pas cette carte, qui exprimait l'état du Padron real en 1536 ; mais Oviedo, qui « en tenait, dit-il, un exemplaire de la main d'Alonzo de Chaves[3] », en a donné, dans

1. Oviedo, *Historia general*, etc. L. XXI, c. 2, p. 116 : « *La carte moderne* récemment corrigée par ordre de César. » Ailleurs (*ib.*, c. 10, p. 149), il donne la date : 1536.

2. Id., *ib.* ... « *fecha* (*faite*) por el cosmographo Alonzo de Chaves », c. 11, p. 151.

3. Oviedo, *ib.* L. XXI, ch. 2, p. 116.

le 21e livre de son histoire, une analyse assez circonstanciée pour qu'on puisse en partie reconstituer le document. C'est ce que nous avons essayé de faire, pour la partie qui nous occupe, dans le tableau III.

TABLEAU III

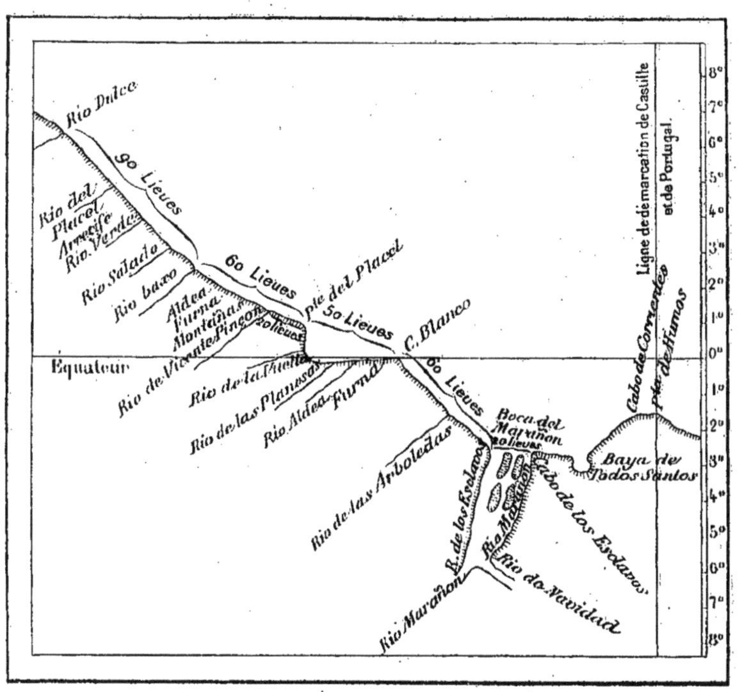

0 10 20 30 40 50 100

Lieues Espagnoles de 17 ½ au Degré.

Restitution schématique d'un fragment de la carte d'Alonzo de Chaves (Padron Real) d'après Oviedo.

Nous croyons devoir transcrire les principales indications tirées du texte qui semblent autoriser cette restitution :

« La ligne de démarcation convenue entre la Castille et le Portugal passe par la pointe qu'on appelle de Fumos ou de Humos, laquelle est située par 1 degré et demi de latitude méridionale. » Après avoir compté 50 lieues de la pointe de Fumos à la baie de Todos Santos, il continue ainsi :

«... De la baie de Todos Santos au Cabo de los Esclavos tu as 12 ou 13 lieues dans la direction de l'Ouest. Le cap des Esclaves est à la pointe de l'embouchure du Rio Marañon, à 12° et demi de latitude méridionale. Son entrée dans la mer n'est pas un seul bras. La carte donne à son embouchure 20 lieues, jusqu'à la rivière qu'elle appelle R. de los Esclavos ; dans cette embouchure il y a plusieurs îles... Cette embouchure s'appela quelque temps *mar dulce*, parce qu'à mer basse on recueille dans la mer de l'eau douce jusqu'à la distance que j'ai dite, et même bien plus loin, s'il faut en croire Vicente Yañez Pinzon.

«... De la pointe occidentale de l'embouchure du Marañon jusqu'au cap Blanco, par où passe la ligne équinoxiale, courent 60 lieues au Nord-Ouest-Sud-Est. « Reprenant un peu plus loin avec plus de détails cette description, Oviedo ajoute : « Du cap Blanco à la pointe del Placel située à 1 degré au Nord de l'Équateur, il y a plus ou moins 50 lieues. Entre le cap Blanco et la pointe del Placel se trouve le Rio de la Vuelta (*de la tournée*), où la côte se tourne vers le Nord. »

A 10 lieues à l'Ouest du cap Blanco est la pointe qu'on appelle de la Furna, et plus « à l'Ouest est le rio qu'on appelle Aldea », et plus à l'Ouest le rio « de las Planosas, duquel au Rio de la Vuelta tu as 20 lieues. »

La description continue ainsi :

« De la pointe del Placel courent vers l'Ouest-Nord-Ouest 60 lieues jusqu'au Rio Baxo, lequel est à 2 degrés et demi Nord. Ces 60 lieues se divisent ainsi : 20 lieues jusqu'à la rivière de Vicente Pinzon ; puis viennent les Montañas, la Furna et l'Aldea. De l'Aldea de la Furna jusqu'au Rio Baxo on compte 25 ou 30 lieues ; ce qui complète les 60 lieues.

« Au Rio Baxo la côte tourne vers le Nord-Ouest, et il y a 90 lieues jusqu'au Rio dulce par 6 degrés et demi Nord. »

Qu'on nous pardonne la longueur de cet extrait. On y voit distinctement un mélange d'erreur et de vérité, dont le débrouillement, assez simple d'ailleurs, est nécessaire pour comprendre la position attribuée désormais à la rivière Vincent Pinzon.

L'erreur que laissait entrevoir la carte de Diego Ribero s'affirme ici : l'embouchure du *Marañon* est portée sensiblement au sud de sa position véritable, à une latitude qui tient probablement à une confusion de noms, puisqu'elle équivaut en réalité à celle de la baie de *Maranhão*. Mais la vaste échancrure, la Furna, qui s'ouvre entre le cap Blanco et la pointe del Placel, ne permet pas de méconnaître entre l'Équateur et le 1er degré de latitude Nord, l'amorce de la véritable embouchure du grand fleuve. Cherchons à partir de la pointe del Placel la première rivière qui se présente, vers l'Ouest-Nord-Ouest : nous trouvons à une distance de 20 lieues, entre 1 degré et demi et 2 degrés de latitude Nord, le *Rio de Vicente Pinzon*.

Sa position, on doit le remarquer, est liée ainsi aux seules positions qui sur cette côte difficile avaient pu être déterminées avec quelque chance d'exactitude par les cartographes : celles des caps, qui sont toujours, naturellement, les premiers jalons sur lesquels s'appuie le travail cartographique. Pour naviguer avec sécurité le long de cette côte, il était nécessaire d'en déterminer avec exactitude les parties saillantes, capables de servir de points de repère : on avait beaucoup moins d'intérêt à opérer la reconnaissance du dédale des embouchures amazoniennes. L'assurance qu'il y avait là une grande masse d'eaux fluviales, indiquant une énorme étendue continentale, était de nature à écarter plutôt qu'à solliciter l'esprit de découverte, qui à cette époque était surtout en quête de passages maritimes.

Si donc, par suite de rapports contradictoires, la confusion avait pu s'introduire entre les nombreuses embouchures qui échancrent le littoral, les pilotes de Séville n'en connaissaient pas moins depuis longtemps, avec précision et certitude, l'existence d'un cap, celui que nous appelons aujourd'hui cap Magoary (0°17'S.), sous la ligne équatoriale; et, sans doute plus récemment, ils avaient pu enregistrer, vers 1° N., l'existence d'un autre cap (plus tard cap Corso ou de Nord), fermant la baie mal connue sur la nature de laquelle hésitaient encore les témoignages. Ce sont là les éléments fixes auxquels s'appuie et dont dépend la position de la rivière de Vincent Pinzon. C'est ce qu'il importe de ne pas perdre de vue. Nous assisterons, dans les cartes de la période où nous entrons, à des changements qui la montrent tantôt plus près, tantôt plus loin de l'embouchure de l'Amazone. Mais ces fluctuations ne sont qu'apparentes, elles dépendent du choix bien ou mal inspiré des cartographes entre les diverses hypothèses qui s'exprimèrent longtemps au sujet de cette embouchure. En réalité la rivière reste invariablement, dans tous les documents qui se sont inspirés désormais de la cartographie officielle d'Espagne, au point qui lui est assigné, dans le Padron real de 1536, par rapport au cap Blanco et à l'Équateur; elle débouche sur la côte au voisinage et un peu au-dessous du 2e degré de latitude Nord.

La rivière de Vincent Pinzon dans les cartes de Sébastien Cabot et de Diego Gutierrez. — Au reste, un document imprimé qui, par l'origine et par la date, ne s'éloigne guère de la carte d'Alonzo de

TABLEAU IV

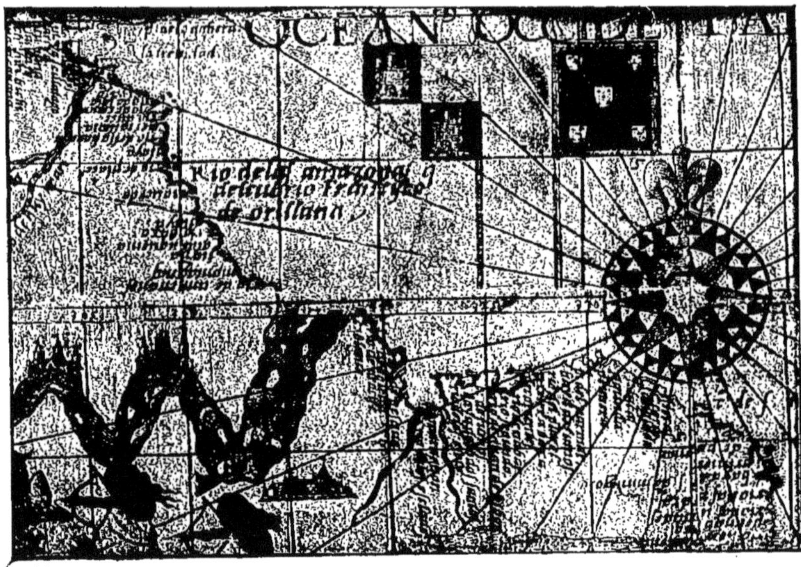

Réduction extraite de la Mappemonde de Sébastien Cabot (1544).
(Bibl. nat. de Paris, Section géographique, n° C, 6.218.)

Chaves, permet de constater une leçon plus exacte au sujet de l'embouchure de l'Amazone. Interprétant avec justesse les résultats du voyage qu'Orellana venait de terminer, Sébastien Cabot, dans sa mappemonde de 1544 [1], fait aboutir le grand fleuve à

1. On trouvera dans l'atlas, sous le n° 1, un extrait de la mappemonde de Sébastien Cabot. Il n'existe de cette mappemonde qu'un exemplaire qui, daté de 1544 et signé du célèbre navigateur, est conservé à la Bibliothèque nationale de Paris. On ne sait pas le lieu où a été publiée cette pièce; diverses circonstances d'orthographe porteraient à croire que l'exemplaire que l'on possède n'a pas été publié en Espagne, mais ailleurs, à Anvers ou à Augsbourg, par exemple. En

l'Océan sous la ligne même de l'Équateur. L'embouchure est encadrée entre le cap Blanco et un autre cap qui n'est pas nommé, mais est nettement figuré. C'est immédiatement après lui, vers l'Ouest, qu'apparait, ici comme dans le document précédent, la rivière de *Unnenanès* (*sic*).

La même disposition se reconnaît dans une carte manuscrite marine très développée de l'océan Occidental, qui porte cette légende : « Diego Gutierrez cosmographo de Su Majd. me fizo en Sevilla; año de 1550. » L'atlas français en reproduit un extrait, d'après l'original conservé au Service hydrographique de la marine[1]. Ce Gutierrez est probablement celui-là même qui fut désigné, en 1549, pour remplir, comme intérimaire, les fonctions de piloto-mayor, quand Sébastien Cabot se fut retiré en Angleterre. La nomenclature est plus riche, le tracé plus détaillé que dans Cabot. La rivière de « Vic.annes Pinçon » y figure au fond d'une baie immédiatement située à l'ouest d'un cap qui ferme au nord l'embouchure de l'Amazone, et dont le nom, peu lisible, paraît être *Corso*. Or, on a vu plus haut que le Cap Corso n'est autre que le cap de Nord.

Ainsi, malgré trop de lacunes dans la série de ces anciens documents, nous venons de recueillir les traces d'une tradition cartographique dont le siège est à Séville. Avant d'aller plus loin et de voir comment elle se propagea au dehors dans d'autres documents inspirés d'elle, nous groupons dans le tableau de la page suivante (Tableau V) les nomenclatures extraites, pour la partie de la côte qui est en question, des différentes cartes que nous venons de passer en revue.

outre, il porte des indications qui semblent dues à une main étrangère. Tel qu'il est néanmoins, ce document est un des plus remarquables que nous ait laissés la cartographie du XVIe siècle. Sébastien Cabot y a incorporé des renseignements qui lui étaient personnels ; mais il n'est pas douteux — ce que confirme d'ailleurs la comparaison avec les autres cartes sévillanes — que le fond principal ait été fourni par les Archives du service cartographique de Séville. Investi pendant près de 40 ans (1518-1547) des fonctions de pilote en chef, il en avait tous les documents à sa disposition.

Voir sur cette mappemonde, H. Harrisse, *Jean et Sébastien Cabot, leur origine et leurs voyages* (Paris, E. Leroux, 1882), p. 151.

1. L'extrait qui se trouve au n° 2 de l'atlas est emprunté au document original qui existe au Service hydrogr. de la marine. Archives scientifiques, portefeuille 116, division O, pièce 1. — On peut consulter, sur cette carte, Harrisse, *Jean et Sébastien Cabot*, p. 231. — Elle est reproduite dans l'*Atlas de fac-simile*, de M. Gabriel Marcel (n° 32).

TABLEAU V. — *Cartes de type Sévillan.*

(Première moitié du XVIe siècle.)

CARTE de TURIN (1523)	CARTE de WEIMAR (1527)	CARTES de DIEGO RIBERO (1529)	CARTE D'ALONZO DE CHAVES (Padron real) [1536]	CARTE de SÉBASTIEN CABOT (1544)	CARTE de DIEGO GUTIERREZ (1550)
	Rio baxo.	Rio baxo.	Rio baxo.	Rio baxo.	Rio del Aldea.
	Aldea (village).	Aldea.	Aldea.		
	C. Blanco.	C. Blanco.		Acaraqueina.	
	Furna (baie).	Furna.	Furna.	Furna.	
	Montañas.	Montañas.	Montañas.	Montagnas.	
	R. baxo.	R: baxo.	*Rio de Vicente Pinçon.*	*Rio de Unnenanes.*	*Rio de V/anne pinçon.*
			P^{te} del Placel.		
Rio da Volta.	R. de la buelta.	R. de la buelta.	Rio de la Vuelta.		
Baya cezada.					C. Corso.
Palmas secas.					
Ponta degahas.			R. de las Planosas.		
Agua.					
arboredo.	Aldea.	Aldea.	Rio Aldea.	Rio de las Amazonas, desenbrio Francesco de Orellana.	R. grande de las Amazonas.
(EQUATEUR).	Furna grande. . .	Furna grande. . .	Furna.	. . . .	. . . .
Las necas.	C. Blanco.	C. Blanco.	C. Blanco.	C. Blanco.	C. Blanco.
Arenas.					
Rio de las Palmas.	Costa de laxas.	Costa de laxaś.	Costa de laxas.	Rio de Aracife.	Costa de laxas.
Praya.					
Palmas.					
P^{ta} llana.					
Furna.					
Rio da Tanca.					
Palmas.	Arboledo.	Arboledo.	Rio de las Arboledas.	Arboleda.	Costa de Arboledas.
P^{ta} llana (pointe basse).					
Furna.					
Rio das Canos.	R. de pascua.	R. de pascua.		Rio de pesqua.	R. de pas. .a.
Motas.					
Rio de Vicelianes.					
Costa de Palma.					
Playa de baxos.					
Las planosas.					Novisto mas quec fondo.
Visto no mas de fondo.					Visto de lexos.
Vista de lexo.	Visto de lexo.	Visto de lexos.			
Costa de Paricura.	Costa de paricura.	Costa de paricura.	Rio de los Esclavos	Rio de los Esclavos.	Rio de los Esclavo
	Maranhon.	Marañon.	Rio Marañon	Maragnon.	Marañon.
Rio dos fumos.					
Rio da Trinidad.	R. de la Trenidad.	R. de la Trenidad.			
P^{ta} Queimada.					
Tierra hallegada.					
C^{o} de lo este.	C. do loeste.	C. de loeste.			
Golfo claro.					
Cabo do mõte.	C. del monte.	C. del monte.	Cabo de los Esclavos.	Rio de los Escla.	C. de los Esclavo
G. do palmas.			Baya de Todos Santos.	Baya de Todos Santos	B. de todos S^{tos}
P^{a} d'arecife (écueils).		Caicta.	Cabo de Corrientes		
Monte redondo.	Furna.	Furna.	P^{ts} de Humos.	C. de Fumos.	. . de Fumos.
Terra deserta.	*R. de Viceutjanes pinçon.*	*R. de Viecle Pizon.*			
C. negro.	C. Negro.	C. Negro.			

CHAPITRE V

LA RIVIÈRE VINCENT-PINZON DANS LES CARTES DES PAYS-BAS ET DANS LES CARTES ANGLAISES.

G. Mercator et sa mappemonde de 1569. — Provenance sévillane de ses renseignements sur la région de l'Amazone. — Mappemonde d'Ortelius (1570). — Globe de Philippe Apian (1576) — Influence de la carte de Sébastien Cabot en Angleterre. — Mappemonde anglaise attribuée à Ed. Wright. — Résumé généalogique des cartes.

G. Mercator et sa mappemonde de 1569. — C'est vers l'époque à laquelle nous sommes arrivés que les œuvres de la cartographie sévillane commencèrent à prendre une grande diffusion au dehors. Des renseignements empruntés à cette école avaient déjà certainement transpiré, surtout en Italie[1]. Mais ce sont principalement les documents portugais qui semblent avoir circulé, en France notamment, et en Allemagne. Dans la seconde moitié du xvie siècle l'influence des documents espagnols se fait une plus grande part qu'auparavant. C'est à l'action exercée par Gérard Mercator aux Pays-Bas, et par Sébastien Cabot en Angleterre qu'on doit surtout attribuer ce changement.

Le témoignage de Mercator est important dans la question qui nous occupe. Il est consigné dans cette célèbre mappemonde de 1569, qu'on peut appeler la première carte marine scientifique, puisque Mercator y fit pour la première fois usage du mode de projection que les auteurs de ces cartes devaient finir par adopter. L'extrait que nous publions[2] de l'original conservé à la Biblio-

1. On trouve, dans l'*Isolario* de Bordone, en 1521, le nom de Maria Tambal, rapporté par Vincent Pinzon comme celui de l'archipel de l'embouchure de l'Amazone (Winsor, t. VIII, p. 382). Mais le principal témoignage d'emprunts sévillans est fourni par la carte de Vesconte de Maggiolo, datée de 1527, qui se trouve à la Bibliothèque ambrosienne de Milan. (Elle est reproduite dans H. Harrisse, *Discovery*, p. 217). Les nombreux atlas de Battista Agnese montrent aussi quelques renseignements de provenance espagnole. (Voir notamment celui de 1543, *Bibl. nat.*)

2. No 4 de l'Atlas français. — On connaît actuellement trois exemplaires de cette

TABLEAU VI

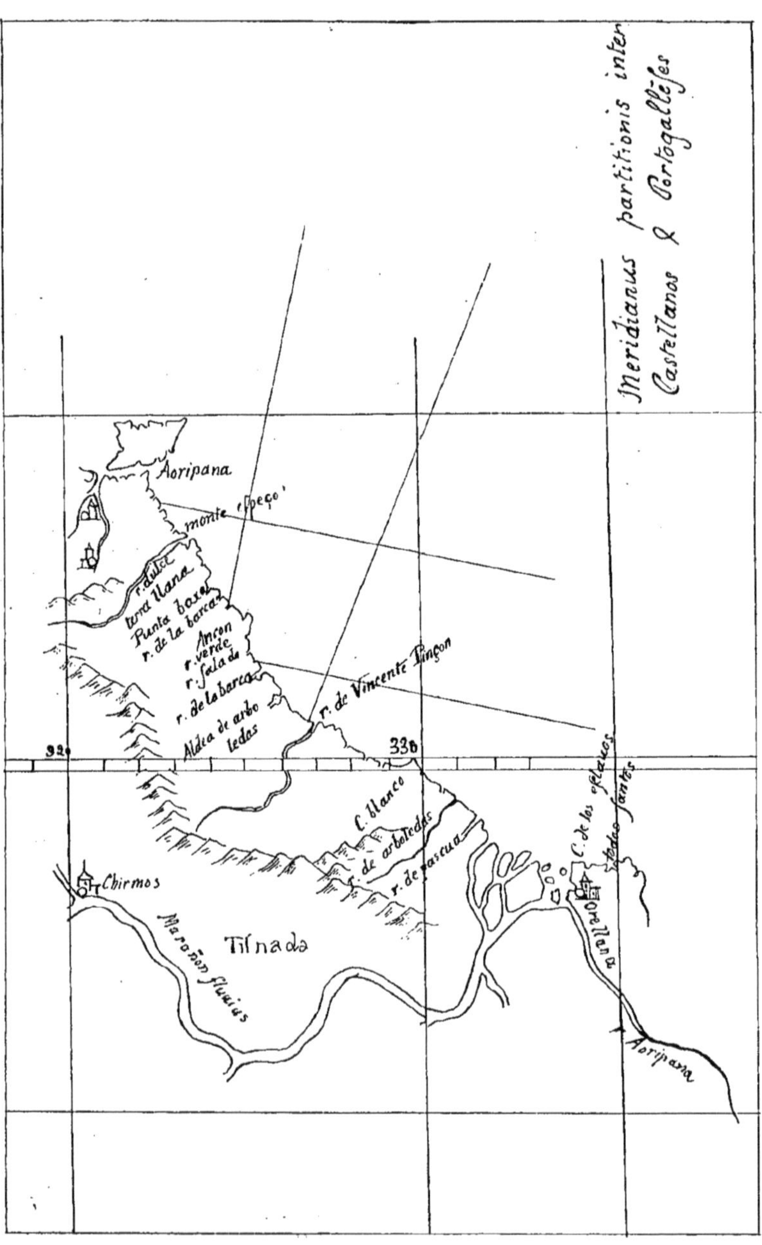

Extrait de la Mappemonde de G. Mercator (1569).

thèque nationale, présente, non seulement par la projection, mais par l'essai d'orographie et d'hydrographie qu'on y remarque, par le choix des noms et la précision des légendes, une physionomie nouvelle. Il est aisé de reconnaître, dans la région qui s'étend à l'Ouest de la Ligne de démarcation, l'influence exclusive des documents espagnols. Parmi les noms qu'ils lui fournissaient, celui de la rivière de *Vincente Pinçon* lui a paru l'un des plus importants et des mieux fixés, puisqu'il l'a reproduit à sa position traditionnelle d'un degré et demi environ de latitude Nord.

Que le cartographe flamand, en relations avec le cardinal Granvelle, honoré de commandes par Charles-Quint, ait eu à sa disposition les cartes émanées du Bureau de Séville, cela ne peut surprendre. On peut être étonné toutefois qu'il ait reproduit, en l'atténuant légèrement il est vrai, l'erreur que lui suggérait Alonzo de Chaves, — mais qu'avait évitée Sébastien Cabot, — sur l'embouchure du Marañon. Il contribua ainsi à accréditer une fâcheuse incorrection ; mais il n'en avait pas été le premier propagateur. Une des cartes qui jouirent longtemps en Europe de la plus grande popularité, celle que l'éditeur Bellero avait déjà publiée en 1554 à Anvers[1], trace à travers le continent américain un grand fleuve qui vient en serpentant, du Sud-Ouest, se jeter dans l'Océan à deux ou trois degrés au Sud de l'Équateur.

Un an après l'apparition de cette mappemonde de G. Mercator, Abraham Ortelius publiait à Anvers la première édition du *Theatrum orbis terrarum*, qui ouvre la série des Atlas modernes. Le catalogue de sources que ce géographe, esprit moins original que Mercator, mais curieux et grand collectionneur, a publié en tête de son ouvrage, prouve qu'il connaissait les cartes de

carte : l'un, depuis longtemps signalé, est celui de Paris. Il en existe un autre à Breslau, et un autre dans la Bibliothèque de l'Université de Bâle.

1. La carte de Bellero est reproduite par Justin Winsor (*History of America*, t. VIII, p. 397). On peut en rapprocher la carte insérée par Ramusio, en 1556, au 3e tome de sa collection, et reproduite également par Winsor (*ib.*, t. II, p. 228). Ces deux cartes furent, suivant l'expression du savant auteur, celles dont l'Europe à cette époque tira « *largely* » ses idées sur le grand continent de l'Amérique du Sud (*ib.*, t. VIII, p. 396). L'erreur paraît avoir persisté, chez les Français, jusqu'en 1612. C'est ce qu'indique Jean Mocquet, dans un passage de son excellente relation (*Voyages en Afrique, Asie, Indes orientales et occidentales, etc.* Paris, 1627) : « Et de faict, ceux qui furent l'an 1612 aux Topinambous et en l'isle de Maragnan, rapportent que là il n'y a aucun fleuve de ce nom, ains seulement une anse ou baye, dans laquelle est cette isle de Maragnan dont le nom a peut-être été cause que l'on a pris cela pour un autre fleuve de Maragnon divers de l'Oregliana des Amazones. »

Sébastien Cabot et de Diego Gutierrez [1]. Cependant sur l'embouchure du Marañon et sur la position de la rivière Vincent Pinzon il s'inspire, dans sa mappemonde de 1570, des données de Mercator [2]. Le seul changement, — et il n'est pas à son avantage, est l'addition malencontreuse du mot *Saint (Rio de S. Vin)*.

Pour qui sait l'autorité dont jouirent pendant longtemps les œuvres sorties de l'atelier de Mercator, le nombre des reproductions du type adopté par lui n'a rien qui surprenne. Il serait fastidieux d'énumérer les cartes qui figurent de la même manière ou avec de légères altérations, l'embouchure du Marañon, le cap Blanco et la rivière de Vincent Pinzon. Il suffira de citer, à cause du mérite original de son auteur, le magnifique globe que Philippe Apian, l'un des principaux rénovateurs de la cartographie au XVIe siècle, construisit en 1576 pour le duc de Bavière : tracé et nomenclature sont exactement conformes à Mercator [3].

Sébastien Cabot et la cartographie anglaise. — En Angleterre cependant, la rectification de Sébastien Cabot sur l'embouchure de l'Amazone ne fut pas perdue. Si Cabot n'était pas né en Angleterre, il y avait été élevé ; et en 1547, il abandonna la haute

1. Ce catalogue est reproduit par Nordenskiœld (*Fac-simile Atlas*, p. 126).

2. La carte d'Abraham Ortelius (*Typus orbis terrarum*, Antverp., 1570) figure dans le *Fac-simile Atlas* (pl. 46).

3. Philippe Apian fut, comme on sait, l'auteur de la première carte trigonométrique de la Bavière. Son globe est exposé à la Bibliothèque royale de Munich. Voici, pour la partie qui nous intéresse, sa nomenclature, qu'il est aisé de comparer à celle de la carte de Mercator reproduite dans notre recueil :

Rio dulce — Monte espeço
Punta baxa
Ancon
R. verde
R. salado
R. de la barca
Aldea de Arboledas
R. de Vincente Pinçon
Équateur. — C. Blanco (par 330° de longitude orientale)
R. de Arboledas
R. de pascua
Marañon flu
C. de los Esclavos
Orellana.

Puis, Ligne de démarcation (*Meridianus partitionis inter Castellanos et Porogallenses, tamquam communis limes constitutus anno salutis MDXXIIII*).

position dont il jouissait en Espagne pour retourner dans ce pays. Son influence personnelle ne fut donc pas étrangère au crédit de sa carte. Nulle part elle n'est plus souvent citée qu'en Angleterre. Elle y eut plusieurs éditions. On put la voir pendant longtemps exposée dans « la galerie privée de Sa Majesté à Westminster et dans beaucoup d'anciennes maisons de commerce », comme l'écrivait Hakluyt[1].

Il ne nous est pas parvenu beaucoup de cartes anglaises de cette époque. Cependant, dans la seconde édition, parue en 1598, de son ouvrage « *Principal navigations* », Hakluyt a inséré une mappemonde, dont, malgré la petitesse de l'échelle, nous avons tenu à reproduire, dans l'atlas français, la partie contenant l'Amérique du Sud[2]. C'est, en effet, une des œuvres les plus remarquables qu'ait produites la cartographie avant les découvertes de Walter Ralegh. Elle est dressée d'après la projection de Mercator, encore bien peu employée à la fin du XVIe siècle, et résume sur le Nouveau-Monde les renseignements que l'on pouvait posséder vers 1590. Pour l'Amérique du Sud, en particulier, elle rectifie le type de Mercator.

Cette carte nous permet de suivre, jusqu'au moment où des explorations nouvelles allaient modifier la cartographie de cette région, la tradition de l'école sévillane. On y voit, comme dans Sébastien Cabot, le cap Blanco et l'embouchure de l'Amazone sous la ligne de l'Équateur. Puis, immédiatement après un cap qui semble être nommé Corso (?), on trouve, par 2° environ de latitude Nord, *B.* (Baie) *de Vicente Pinçon.* C'est la première fois que nous voyons apparaître, au lieu de rivière, cette désignation de baie, qui sera reprise plus tard dans les cartes de de l'Isle et de d'Anville. Nos géographes purent ainsi s'autoriser d'un précédent qui datait de loin. Que cette baie désigne l'estuaire d'une rivière, et que celle-ci soit la même que celle qui figure dans les cartes de Sébastien Cabot et de Gutierrez, on n'en saurait douter,

1. R. Hakluyt, *Principal Navigations*, t. III, p. 6 (éd. de 1599). — Purchas, *His pilgrimage*, Lond., 1625, t. III, p. 807. — Citations reproduites par H. Harrisse, *Jean et Séb. Cabot*, p. 154.

2. N° 7 de l'atlas. — Elle est reproduite *in extenso* dans Nordenskiœld, *Facsimile Atlas*, pl. 50. Elle est sans nom d'auteur. M. Hermann Wagner suppose qu'elle pourrait bien être l'œuvre d'Edw. Wright, le célèbre auteur de formules et de tables de latitudes croissantes, qui l'ont fait regarder parfois comme le véritable inventeur de la projection dite de Mercator (*Leitfaden durch den Entwickelungsgang der Seekarten*, p. 11. — XIe Deutscher Geographentag in Bremen, 1895).

puisque la position mathématique, aussi bien que la position par rapport au cap Blanco et à l'Amazone, est identique.

Résumé. — Si, au point tournant où nous sommes arrivés, nous considérons le chemin parcouru, il semble qu'on pourrait figurer de la façon suivante la généalogie des cartes par lesquelles se propagèrent les données de provenance sévillane, sur la rivière de Vincent Pinzon. Un seul coup d'œil permet ainsi d'apercevoir comment d'Espagne elles passèrent aux Pays-Bas et de là en Allemagne, et comment par Sébastien Cabot elles pénétrèrent en Angleterre.

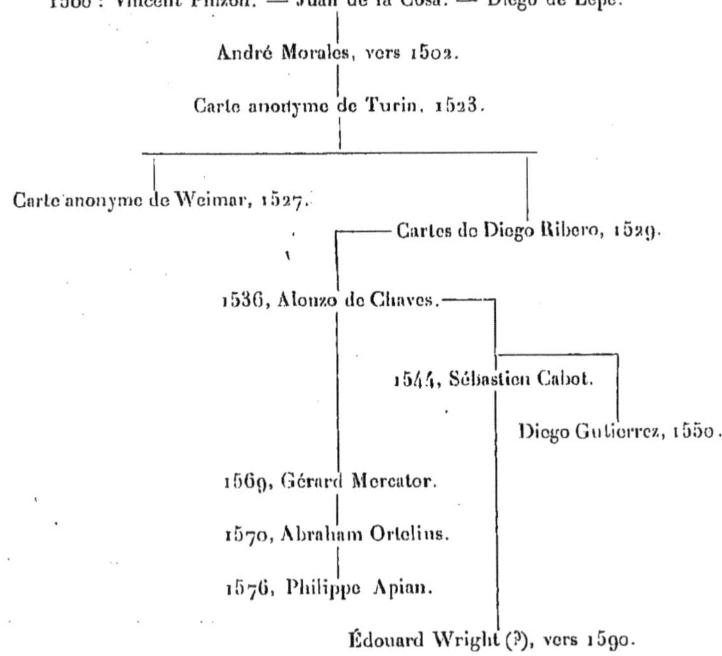

CHAPITRE VI

LA CARTOGRAPHIE PORTUGAISE

Pas de traces du voyage de Vincent Pinzon dans les plus anciennes cartes portugaises. — Parenté entre les anciennes cartes portugaises et les anciennes cartes françaises. — Comparaison des nomenclatures. — Le Rio fresco.

Il importe toutefois, avant d'aller plus loin, d'interroger brièvement les témoignages de la cartographie portugaise. Il était naturel de chercher d'abord la trace authentique de Vincent Pinzon dans les œuvres espagnoles, puisque par son origine et ses fonctions officielles il appartient exclusivement à ce pays. Mais on ne saurait laisser de côté la cartographie portugaise. Pendant longtemps ce fut celle-ci qui fournit sur les pays nouveaux la plupart des renseignements qui circulaient en Europe. En Allemagne, en France surtout les tracés et les nomenclatures portugaises prévalurent pendant une grande partie du XVIe siècle, et même au delà. Les cartes qui de Lisbonne se répandaient à l'étranger, différaient assez profondément de celles de Séville pour que ces divergences devinssent une source de confusions et d'embarras, quand on eut, plus tard, à choisir entre elles.

Les deux courants restèrent longtemps parallèles, sans se mêler. Nous possédons, pour la période qui répond en Espagne à celle qui va de Juan de la Cosa à Ribero, un certain nombre de cartes de type portugais [1]. On n'y trouve d'autre échos des découvertes de Vincent Pinzon que de vagues indications comme *Agua*

1. Carte de Cantino (Harrisse, *Discovery*. etc., pl. 6), 1501 ou 1502. — Carte de Canerio (Kretschmer, *Atlas*, pl. 8, n° 1), après 1502. — Carte du Nouveau Monde, par Johann Ruysch (id., *ib.*, pl. 9) ; dans l'édition de Ptolémée publiée à Rome en 1508. — Carte du Nouveau Monde, par Waldseemüller, dans l'édition de Ptolémée publiée à Strasbourg en 1513 (id., *ib.*, pl. 12, n° 1). — Globe de J. Schöner, en 1520 (id., *ib.*, pl. 13). Voir, dans Harrisse (*Discovery*, etc., p. 318), les nomenclatures de Cantino, Canerio, Ruysch, Schöner, Waldseemüller.

dôçe (Cantino), *Rio grande* (id.). Entre les zones d'explorations de Christophe Colomb et d'Alvarez Cabral, celle de Vincent Yañez Pinzon est laissée dans l'ombre. A en croire même une légende inscrite sur une carte portugaise dessinée aux environs de 1520, il semblerait qu'il n'y ait pas eu d'autres découvertes espagnoles que celles de Colomb à côté du Brésil portugais [1].

Plus tard, pendant la période signalée en Espagne par les productions d'Alonzo de Chaves, de Sébastien Cabot, de Diego Gutierrez, les cartes portugaises et françaises, visiblement inspirées des mêmes sources, se chargent d'une nomenclature détaillée dans la partie de la côte américaine qui s'étend de l'Équateur jusqu'à la mer des Antilles. Cette nomenclature est à très peu près la même dans l'Atlas portugais de la Bibliothèque Ricardienne à Florence, dans la carte française de Pierre Desceliers (carte dite de Henri II), dans celle de Guillaume Le Testu, documents dont les dates ne s'écartent guère que de dix ans au plus [2]. Il suffit de comparer ces nomenclatures à celles que nous ont fournies les principales cartes sévillanes, pour constater de radicales différences (Tableau VII).

Deux de ces cartes, toutefois, celle de la Bibliothèque Ricardienne et celle de Desceliers, nous apportent un renseignement qui a sa valeur. On a vu que, dans la cartographie de Séville, la place de la rivière Vincent Pinzon est déterminée par les cir-

1. Voici un extrait de cette légende, qu'on peut lire en entier dans la reproduction de la carte publiée par Kretschmer (Atlas, pl. XII, 2): « Hanc terram ... Brasill ... nuncupatam divi Emanuelis Portugalie regis inventam anno salutis 1500 ... Continens vero occidentalis cum suis insulis adjacentibus Colombo Januensis, auspitio Ferdinandi et Elizabes Castelle regum, nobis cognitam (*sic*) fecit anno partus Virginis 1492 ... »

2. Mappemonde manuscrite « faicte à Arques par Pierre Desceliers », prestre 1546), publiée par Jomard (*Monuments de la géographie*, nº 19), et plus récemment par Nordenskiœld, (*Periplus*, nº 51). — Cf. Ruge, *Die Entwickelung der Kartographie von Amerika bis* 1570 (Petermanns Mitteilungen, Ergänzungsheft, nº 106, p. 68).

Atlas de Guillaume le Testu, daté de « la ville Françoyse de Grace », 1555, et conservé à la Bibliothèque du Ministère de la guerre à Paris, D 2/2 14. Cet atlas contient 59 feuillets ; celui qui nous intéresse est le quarante-septième.

La parenté qui rattache les cartes d'origine normande à la famille des cartes portugaises, est un des faits les mieux établis de l'histoire de la cartographie dans la première moitié du XVIe siècle (voir Harrisse, *Jean et Séb. Cabot*, p. 195) : « Les Dieppois, dit-il, s'inspirèrent de l'hydrographie Lusitanienne, soit par l'influence directe de cosmographes portugais établis dans les ports de Normandie et de Bretagne, soit par des cartes importées de Portugal. »

Tableau VII. — *Cartes de type portugais.*

ATLAS PORTUGAIS de la BIBLIOTHÈQUE RICCARDIANA (Florence) entre 1540 et 1550	CARTE de P. DESCELIERS (1546)	ATLAS de G. LE TESTU (1556)	ATLAS de DIEGO HOMEM (1558)
Rio dulce.	R. doulce.	R. doulce.	R. dulce.
Tra baixa.	Terre playne.	Terre basse.	Terra baxa.
R. do precl (écueil).	R. de la barque.	Rivière de placel.	R. del pracel.
	Pracel.		
Arecifes.	R. salée.	Areciffes.	
Furna.		Furna.	
Rio verde.	R. verde.	Rivière verte.	R. de palos.
Palmar.	Palmar.	Palmar.	Palmar.
R. bueno.	R. de bien.	Riv. bueno.	R. bueno.
R. de aves.	R. des oyseaux.	Rivière de Aves.	
R. de Vecele.	*R. de Vincent.*	*Riv. de Vincente.*	*R. de Vte.*
R. dal caciq.	R. du cacique.	Riv. del cacique.	R. del cacique.
C. baxo.	C. des basses.	C. bayco.	C. de Muchas baixas.
R. de Nunho.	R. de Muinho.		R. de Nuno.
R. de baixas.	R. des basses.	Rivière de bazeas.	
Malabrigo.	Mallabry.	Mallabrigo.	Playa.
R. de precl.	R. de pracel.	Rivière de placel.	
R. de fumos.	R. de fumées.	Rivière de fumos.	
C. de buelta.	C. de la tournée.	C. de buela.	C. do S^{n} Fr^{co}.
El llacon.	Ansse.	El hamcon.	B. de muchas islas.
Rio de mal.	R. de mal.	Rivière de mal.	
Atalaya (poste).	Atalaïa.	A. . ta. . .	[EMPRUNT de source Sivillane] C. do pracell.
Rio fresco.	*R. fresche.*	Riv. dolce.	R. da furna.
C. de baxas.	C. des basses.	Cap de basses.	Arboledo.
Aneguado.	Anegadas.	Annegades.	Montanhas.
Montanas.	Montaignes.		*R. de Vte pinzo.*
O.	. . . .	. . . .	Plaïa.
			R. de la buelta.
(Equateur).	»	»	Aldea planosa.
»	»	»	Furna grande.
»	»	»	C. Blanco.
»	»	»	Plaïa.
»	»	»	(Equateur).
»	»	»	. . . . O.
»	»	»	(Bouches de l'Amazone).
Costa descuberta.	Coste découverte.	Coste descoubert.	Costa desenberta.
B. de S. Joa.	B. de St Jhan.	B. de S. Jouan.	B. de S. Joham.
Costa vista.			Costa baixa.
B. de ilheo.	Baye de lislet.	b. de illo.	B. de ilheo.
Costa gula.	Coste caia.		Costa do parcell.
C. das baixas.	G. des basses.	C. de basses.	P. da costaguia.
R. de Sãn paulo.	R. de St Michel.		R. das baixas.
R. de doleite.	B. de drogolerte.	Costa c. . .	R. de Sampalo.
R. de Sãn Marcel.	R. St Paul.	Sainct paullo.	B. de dioguoleite.
Costa apcelada.		Rivière de talineres (?)	R. de Sam Migell.
P^{te} do pcel.	P^{te} de pracel.	Port de place.	Costa aparcelada.
Fumo.	R. de famus.		Terra dos fumos.
Trados.			Baïa.
Pinare.	Pinate.		
Ho Maranha.		Rivière de Marignen.	O Maranham.
	Marignan.		

constances suivantes : un cap est nommé, ou tout au moins marqué au nord de l'Équateur, et immédiatement au delà de ce cap figure une rivière, qui est celle en question. On trouve de même, dans les deux cartes que nous venons de citer, un cap (cap de Baxas) situé au nord de l'Équateur et immédiatement suivi d'un nom de rivière, Rio fresco ou Rivière fresche. Or, en 1698, dans le mémoire du Gouvernement portugais rédigé en vue des négociations avec la France, se rencontre cette remarquable assertion : que la rivière Vincent Pinzon est la même que celle que les Portugais ont appelée parfois Rio fresco. Notons ici la confirmation significative qui résulte de la cartographie : le Rio fresco portugais se trouve exactement à la place où les documents espagnols contemporains marquent le Vincent Pinzon.

CHAPITRE VII

SUR LA RIVIÈRE VINCENT DES CARTES PORTUGAISES ET FRANÇAISES DU XVIe SIÈCLE

La rivière Vincent n'est pas la rivière Vincent Pinzon. — Les deux noms sont distingués par Diego Homem, dans l'atlas de 1558. — Carte d'Andreas Homo (1559). — Persistance de deux courants cartographiques distincts. — Les cartes d'Arnold Florent van Langren (1594) et celles de Corneille Wytfliet (1597-1663, etc.) contribuent à faire durer une confusion regrettable. — Conclusion de la première partie.

On voit, dans le tableau qui précède, apparaître vers 1540 un nom qui se rapproche assez de celui qui nous occupe, pour qu'on ait pu l'identifier avec lui. Succédant à 16 ou 17 noms échelonnés à l'ouest-nord-ouest de l'Équateur, une rivière de *Vecēte* (carte portugaise), *Vincent* (cartes françaises), se montre, par environ 4° nord, obstinément placée entre une rivière du *Cacique* à l'Est et une rivière de *Aves* ou des *Oiseaux* à l'Ouest.

Ce nouveau venu est-il la rivière Vincent Pinzon ? Il y a de fortes raisons d'en douter. Nous avons rencontré les noms de Vincent Yañez Pinzon, Vincentiañes, Unnenañes, Vincent Pinzon, Pinzon ; mais jamais une seule fois, ni dans les cartes, ni dans les autres textes, le nom de Vincent employé seul pour désigner le navigateur. Cette appellation est contraire à l'habitude constante des documents espagnols, seuls qualifiés ici pour faire foi. D'ailleurs ce nom, emprunté comme tant d'autres au calendrier, n'a nullement l'air d'une interpolation dans la nomenclature portugaise ; il fait invariablement partie d'un groupe de vocables particuliers à cette famille de cartes et étrangers aux cartes sévillanes.

Atlas de Diego Homem. — En somme, il n'existe pas, à ma connaissance, de carte de type portugais antérieure à 1550, qui porte le vrai nom de Vincent Pinzon. Mais il vint un moment où les cartographes portugais, surtout ceux qui travaillaient en Italie

TABLEAU VIII

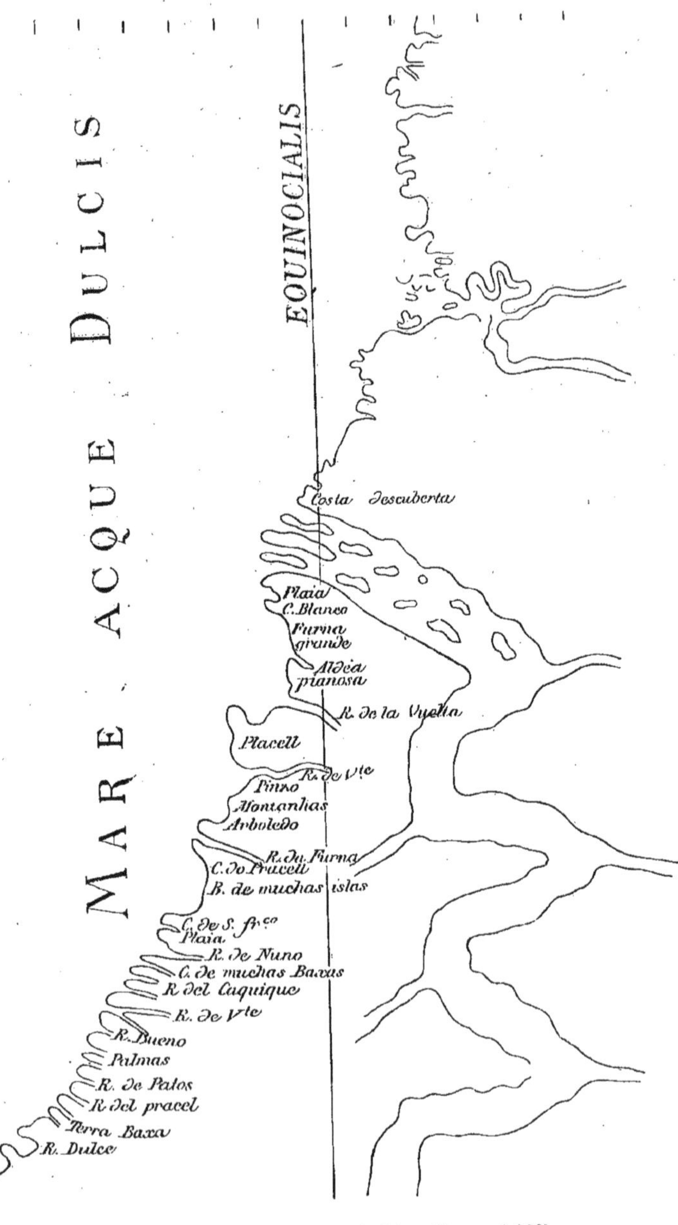

Réduction extraite de la carte de Diego Homen (1558).

ou aux Pays-Bas, devant la circulation croissante de cartes inspirées du type espagnol, sentirent le besoin de tenir compte des indications qu'elles leur fournissaient sur cette côte. Un des plus réputés parmi eux, Diego Homem, composa en 1558, probablement pour Philippe II, un magnifique portulan en 9 feuilles, qui se trouve au Musée britannique, mais dont une copie partielle existe à la Bibliothèque nationale de Paris. Nous en avons reproduit un extrait[1]. On y constate ce fait curieux et significatif, que les noms de *rivière de Vicente pinzo* et de *rivière de Vincente* s'y rencontrent l'un et l'autre, comme désignant des rivières distinctes. La première est indiquée entre 1° et demi et 2° de lat. nord : c'est la position que lui assignent Cabot et Gutierrez. La seconde, bien plus reculée à l'ouest, se trouve par près de 5° de lat. nord au milieu d'un groupe de provenance évidemment portugaise. Ainsi pour Diego Homem les deux noms ont un sens différent. Dira-t-on qu'il s'est trompé, et que par inadvertance il n'a pas vu le double emploi qui résultait d'emprunts successifs, l'un à une source espagnole, l'autre à une source portugaise? Cette inadvertance, dans une œuvre très soignée d'un cosmographe en renom, est par elle-même invraisemblable. Mais il y a toute raison de croire, au contraire, que les deux noms s'appliquaient à deux choses différentes, et que nous sommes en présence d'une distinction raisonnée et légitime.

Carte d'Andreas Homo. — D'autres Portugais établis à l'étranger se rangèrent franchement à la nomenclature et à l'interprétation sévillanes, sans plus se préoccuper de la rivière Vincent des cartes lusitaniennes. Ainsi fit Andreas Homo, dans la très belle mappemonde qu'il composa en 1559 à Anvers[2]. Pour tout le reste de

1. Cf. N° 3 de l'atlas français. La reproduction est tirée de l'exemplaire qui se trouve à la Bibliothèque nationale (cartes, n° 1021), et qui serait lui-même, d'après M. Harrisse, une copie du portulan en 9 cartes sur parchemin, qui se trouve au British Museum (*Br. mus. Additional*, mss. 5415 A). Il porte cette signature : « *Diegus Homem cosmographus fecit hoc anno salutis* 1558. ». Ce cartographe était Portugais et vécut longtemps à Venise.

2. Cette carte, datée et signée, est un magnifique document, qui se trouve, fractionné en 10 feuilles, au département des cartes du Ministère des Affaires étrangères de Paris, et qui n'a pas encore été publié. Nous avons tenu à en reproduire la partie qui intéresse le débat. Malheureusement, elle correspond à l'une des sections de la carte, et à une partie légèrement altérée dont la lecture est peu claire sur l'épreuve photographique. Nous avons pu néanmoins, avec l'aide de M. Desbuissons, déchiffrer

sa carte, il suit la nomenclature portugaise; mais dans la partie qui nous occupe, il suit Gutierrez ou Séb. Cabot. Voisine, à l'ouest, de l'embouchure de l'Amazone, la rivière de *Vincente Pizon* y occupe, entre 1° et 2° de lat. nord, la position qu'on peut regarder comme consacrée dans la dernière moitié du XVI° siècle.

Que telle fut, dès cette époque et surtout à partir du moment (1580) où s'opéra la réunion des couronnes d'Espagne et de Portugal, l'opinion des Portugais les mieux informés, c'est ce que montre un passage de l'*Itinéraire du Brésil*, écrit en 1587 par Gabriel Soarès de Souza[1]. Par une prétention qui se manifeste ici pour la première fois, la rivière de Vincent Pinzon est revendiquée par cet ambitieux Portugais comme la limite occidentale du Brésil. Mais où la place-t-il? « De cette rivière de Vte *Pinsom* à la pointe du fleuve des Amazones, qu'on appelle cap Corso, et qui est située sous la ligne équinoxiale, *il y a, dit-il, quinze lieues.* »

Confusion de la rivière Vincent et de la rivière de Vincent Pinzon. — Cependant les cartes de type portugais ne se mirent pas toutes d'accord avec les cartes de type espagnol. Tandis que les unes persistaient à enregistrer à la même place une rivière de Vincent, ou de Saint-Vincent[2], les autres prirent le parti moins sage de substituer, sans changer la position, à l'ancienne et inoffensive dénomination, ce nom de Vincent Pinzon qu'ils se seraient fait scrupule d'omettre; car, depuis Cabot et Mercator, il était sorti du domaine propre de l'École de Séville pour prendre droit de cité dans la cartographie générale.

Nous avons choisi comme spécimen de ce genre (tableau X)[3], la carte qu'Arnold Florent van Langren composa et grava à la

directement sur l'original quelques-uns des noms les plus essentiels. On trouvera sur le croquis ci-joint le résultat de ce déchiffrement.

1. *Roteiro geral com largas informacoēs de toda a costa do Brasil e descripçaō de muitos de seus lugares e em particolar de Baia de todos os Santos*, 1587 : ch. 3, « dans lequel on indique où commence la côte de l'État du Brésil ». — L'auteur, qui avait lui-même vécu dix-sept ans au Brésil, indique, dans le chapitre précédent, qu'il se guide sur les cartes de Pedro Nuñez, « qui dans cet art est un des meilleurs de son temps ». Pedro Nuñez, né en 1492, mort en 1577, fut, de 1544 à 1562, professeur de mathématiques à l'Université de Coïmbra. Nous avons de lui plusieurs traités scientifiques, mais pas de cartes.

2. Carte, ms. sur parchemin, de Guillaume Levasseur, Dieppe, 1601 (Service hydrogr. de la marine, portef. 116, pièce 6). — Carte de Domingo Sanchez (1618), reproduite dans l'atlas sous le n° 8 (Bibl. nationale).

3. N° 6 de l'atlas.

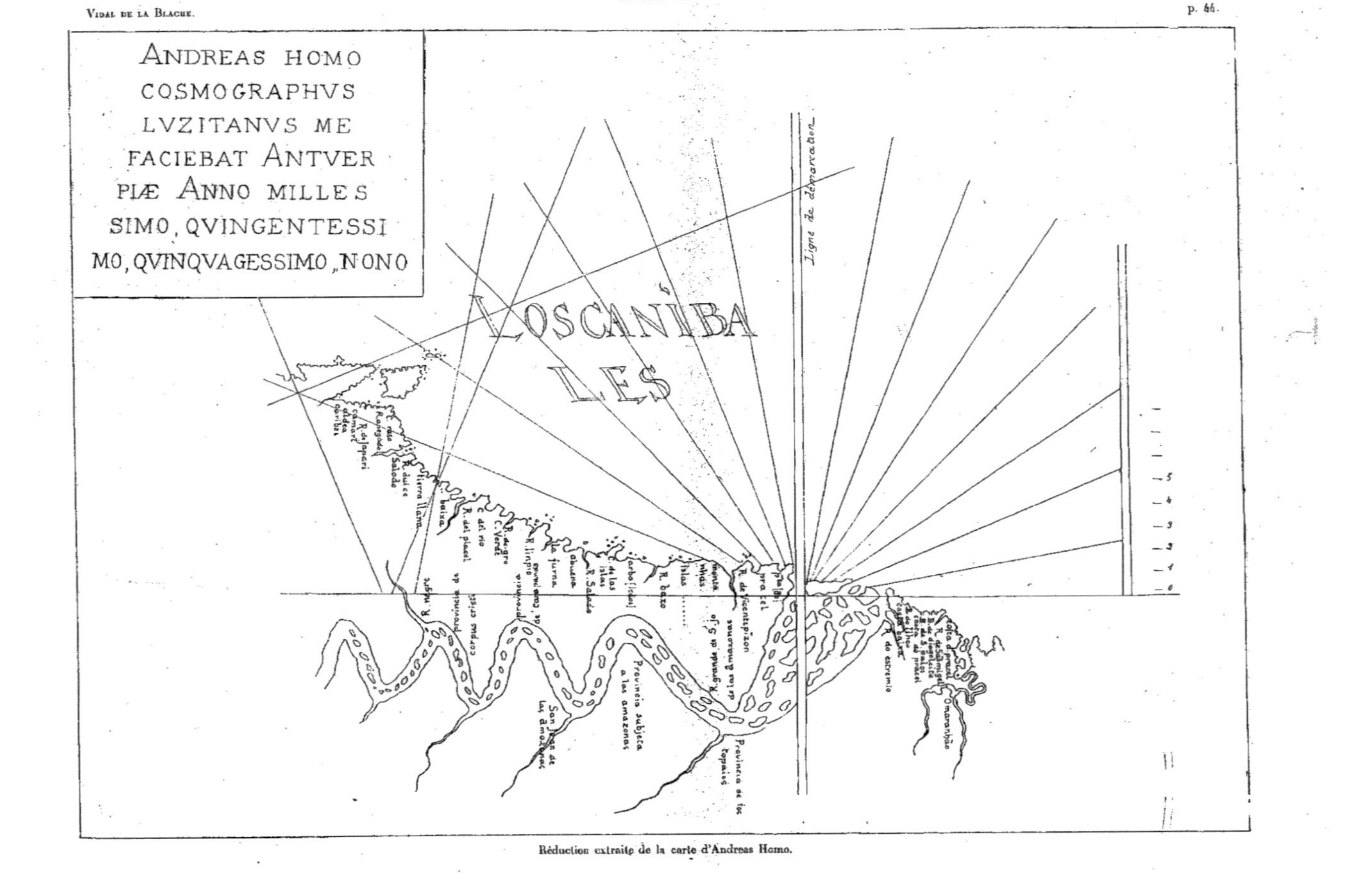

Réduction extraite de la carte d'Andreas Homo.

TABLEAU X

Réduction extraite de la carte intitulée : *Delineatio omnium orarum totius australis partis Americæ, etc.* — *Arnoldus Florentius a Langren, author et scalptor (sic).* — Dépôt géogr. du Ministère des Affaires Étrangères, fonds d'Anville, nº 9170.

Haye, probablement en 1594. Insérée dans le grand ouvrage de Hugues de Linschoten, *Navigatio et itinerarium in orientalem, sive Lusitanorum Indiam,* elle dut à cette circonstance d'être reproduite dans les éditions successives qu'obtint ce livre en Hollande, en Angleterre et en France[1]. Lors même que la légende ne nous avertirait pas qu'elle avait été « dessinée et corrigée d'après les meilleures cartes portugaises », le seul examen de la nomenclature en ferait reconnaître la provenance. Nous aurons plus loin à revenir sur cette carte ; bornons-nous à constater pour le moment qu'on y voit une rivière de Vincent Pinzon serpenter à la même latitude que le *cap de Norte,* mais à 140 lieues d'Espagne vers l'Ouest[2].

Influence de cette erreur. — On ne saurait tenir trop de compte, dans toute histoire fondée sur la cartographie, de la persistance et de la vitalité singulière avec laquelle se maintiennent des types surannés. On put voir, à travers tout le XVIIe siècle, se perpétuer imperturbablement, sans que rien fût changé dans le tracé ni dans la nomenclature, la carte que Corneille Wytfliet avait publiée en 1597 dans son « Supplément de Ptolémée[3] ». Depuis longtemps les explorations anglaises, hollandaises et françaises avaient eu beau renouveler la connaissance de la Guyane : des ouvrages fort répandus, comme celui-ci, n'en continuaient pas moins à publier des cartes arriérées presque d'un siècle. Cela n'est pas resté sans conséquences. Lorsqu'en 1690 le Père Samuel Fritz publia à Quito la carte de l'Amazone, que l'on a maintes fois invoquée dans ce débat, c'est dans cet arsenal de vieilles cartes qu'il dut puiser pour la partie qu'il n'avait pas vue.

1. Huyghen van Linschoten, *Navigatio et itinerarium in orientalem, sive Lusitanorum Indiam, collecta et descripta belgice, nunc latine reddita.* — La carte d'Arnold de Langren se trouve, sans changements, dans l'édition d'Amsterdam de 1596, dans la traduction anglaise publiée à Londres en 1598, dans la deuxième et dans la troisième éditions françaises publiées à Amsterdam, en 1619 et en 1638.

2. Lieues d'Espagne et de Portugal, 17 et demi au degré.

3. Wytfliet, *Augmentum descriptionis Ptolemaïcæ* (Louvain, 1re éd., 1597). La carte de la contrée entre l'Orénoque et l'Amazone, que l'auteur, semblant ignorer les noms de Guyane ou Caribane, adoptés dès les premières années du XVIIe siècle, désigne simplement sous le nom de *Residuum continentis,* continue à être reproduite, sans le moindre changement, dans une édition française publiée à Douai en 1663, et probablement encore après.

Conclusion de la première partie. — Les résultats de cette première partie du Mémoire peuvent être résumés ainsi :

1° L'origine du nom de rivière de Vincent Pinzon se trouve dans la cartographie officielle de Séville. C'est de préférence dans les documents émanés de cette source qu'il faut chercher la vérité sur sa position ;

2° A la suite du *Padron real* de 1536 et des cartes qui s'en inspirèrent, la rivière Vincent Pinzon entra dans la nomenclature générale. Les cartographes les plus autorisés « the leading geographers » des Pays-Bas, d'Allemagne, d'Angleterre adoptèrent la position qui lui était attribuée par les documents de l'École sévillane, entre 1° 30' et 2° de latitude nord. Cette attribution repose sur une tradition suivie et solide ;

3° Examinées à la lumière d'une stricte chronologie, les cartes portugaises ou de type portugais laissent soupçonner l'origine d'une confusion de noms qui entraîna plus tard quelques cartographes à une équivoque dont il est aisé de faire justice ;

4° Le Rio Fresco, que présentent quelques cartes de l'École portugaise, correspond par sa position au Vincent Pinzon des Espagnols.

DEUXIÈME PARTIE

Depuis l'expédition de Walter Ralegh (1595) jusqu'au traité d'Utrecht (1713)

CHAPITRE VIII

RENOUVELLEMENT DE LA CARTOGRAPHIE DE LA GUYANE

Walter Ralegh et les expéditions anglaises. — Expéditions hollandaises et françaises. — Carte de Ralegh (1595). — Nomenclature tirée de la relation de Lawrence Keymis (1596). — Cartes de de Bry (1599), de Levinus Hulsius (id.), de Jodocus Hondius, de J. Dycks. — Caractères des cartes nouvelles. — Distinction nette entre le Cap de Nord et le Cap d'Orange. — Carte de Jean de Laet (1625).

Lorsqu'en 1595 Walter Ralegh revint de son voyage aux embouchures de l'Orénoque, il intitula sa relation : *Discovery of the large, rich and beautiful Empire of Guyana*. S'il n'est pas permis de prendre ce titre emphatique à la lettre, il faut reconnaître cependant que cette expédition inaugura une nouvelle période dans la connaissance de la Guyane. Ralegh chargea, l'année suivante, L. Keymis, puis Masham de compléter la reconnaissance des côtes ; ensuite ce fut le tour de Leigh (1605), de Robert Harcourt (1608), etc.

A l'exemple des Anglais, les États généraux de Hollande envoyèrent en décembre 1597 une expédition qui explora la côte depuis le cap Nord jusqu'à l'Orénoque[1] ; premier pas dans la

1. Le rapport de cette expédition, qui semble avoir été le plus ancien voyage hollandais en Guyane, se trouve aux Archives royales de Hollande, et a été récemment publié dans le rapport de la commission des États-Unis sur la limite entre le Vénézuéla et la Guyane anglaise (t. II, n° 5, p. 13).

voie qui devait aboutir en 1621 à la fondation d'une Compagnie néerlandaise des Indes occidentales. Quant aux Français, ils fréquentaient aussi, et peut-être avant les marines du Nord, ces parages ; Ralegh dit qu'il trouva avant son départ des renseignements auprès d'un capitaine français[1]. Ils se mirent aussi à organiser des expéditions ; celle de La Ravardière, qui eut lieu en 1604, nous a été racontée par son compagnon de voyage, Jean Mocquet.

En un mot, la Guyane devint l'objet d'un engoûment marqué, dans les dernières années du XVIe siècle. Ce fut une des contrées sur lesquelles les peuples qui revendiquaient contre les Espagnols et Portugais la liberté des mers, jetèrent les yeux, quand ils entreprirent de coloniser à leur tour. Comme on voulait entrer en relations commerciales avec les indigènes, fonder des établissements, plantations ou loges, il fallut étudier les points et conditions favorables ; et c'est ainsi que les reconnaissances prirent un caractère nouveau de précision et de méthode.

La cartographie de la Guyane, dont le nom apparaît alors, — fut fondée sur de nouvelles bases. Déjà, dans la carte que Walter Ralegh dressa à la suite de son voyage[2], la physionomie de la contrée est bien modifiée. On y voit encore il est vrai, comme dans Cabot, l'Amazone dérouler des ondulations serpentines à travers le continent. Dans l'intérieur un grand lac, ce fabuleux Parime sur les bords duquel est située la ville de Manoa ou Eldorado, fait même ici pour la première fois son apparition. Ceci est la légende, l'interprétation aventurée des récits de la côte. Mais la configuration du littoral, la position des rivières et des peuples sont désormais l'objet d'une sérieuse enquête.

« Ces contrées[3], écrivait en 1625 Jean de Laet, ne sont que très imparfaitement connues dans l'intérieur ; mais pour la côte et les rives des fleuves elles ont été très considérablement éclaircies, dans ces dernières années, par les Anglais et les Belges. Et, comme il arrive souvent, elles ont été désignées par tant de noms différents qu'il est souvent très difficile de discerner si les

1. Hakluyt, *Voyages, Navigations*, etc., t. III, p. 637.
2. Voir, plus haut, *Introduction*, p. 4.
3. Jean de Laet, *Novus orbis seu descriptionis Indiæ occidentalis libri XVIII* (éd. lat. 1633, Leyde, Elzévir, in-fol.), l. XVII, c. 3, p. 631. La première édition de cet important ouvrage, que nous aurons souvent à citer, avait paru, en hollandais, en 1625. Une autre édition avait été donnée en 1630. On sait que de Laet fut un des présidents de la Compagnie hollandaise des Indes occidentales.

fleuves ou les régions dont on parle sont les mêmes ou s'ils diffèrent. »

Nomenclature tirée du voyage de L. Keymis. — Parmi les cartes publiées par les navigateurs eux-mêmes, celle qui aurait le plus d'importance pour l'objet qui nous occupe, serait la carte de Laurence Keymis, qui avait exploré surtout le littoral depuis l'Amazone jusqu'à l'Essequibo. A défaut de carte, Hakluyt nous a du moins conservé la table des noms de rivières, et de peuples avec les observations de Keymis[1].

Nous la reproduisons ici :

RIVERS	NATIONS	
1. Arrowary great.	Arwas. Pararwes. Charibes.	
2. Iwaripoco very great.	Mapurwanas. Iaos.	2. Here it was as it seemed, that Vincent Pinçon the Spaniard had his emeralds...
3. Maipari great.	Arricari.	3, 4, 5. These with the other two seeme to be branches of the great river of Amazones...
4. Caipurogh great.	Arricuri.	
5. Arcoa great.	Marowannas. Charibes.	
6. Wiapoco great.	Coonoracki. Wacacoia. Wariscaco.	6. From the mouth thereof, the inhabitants doe passe with their canoas in 20 days to the Salt lake, were Manoa standeth...
7. Wanari.	Charibes.	
8. Capurwacka great.	Charibes.	

Tous ces noms et la plupart des renseignements qui les accompagnaient étaient nouveaux. On comprend que, depuis longtemps sevrés d'informations sur ces contrées, réduits aux tracés

1. Hakluyt, *Voyages, Navigations*, etc., t. III, p. 687. London, 1600.

surannés de Mercator ou aux représentations plus inexactes encore qu'exhibaient les cartes inspirées de Vaz Dourado[1], les géographes se soient jetés avec empressement sur ces nouveautés. Il y eut, en Allemagne et dans les Pays-Bas, une véritable éclosion de cartes de la Guyane, datées de 1599. L'éditeur de Bry, à Francfort-sur-le-Main, qui avait publié encore en 1592 une carte « du Pérou et du Brésil » entièrement inspirée de Mercator, la remplace en 1599 par une carte entièrement renouvelée, de physionomie intéressante et pittoresque[2] « du très puissant et aurifère royaume de Guyane... ». Une légende nous avertit qu'elle a été « dessinée à l'aide d'un marin qui a entièrement pris part à la navigation de Walter Ralegh ». Ce marin ne peut guère être autre que Keymis.

La même année, à Nuremberg, Levinus Hulsius introduit dans son *Histoire de la navigation extraordinaire de Schmiedel*, une carte nouvelle de l'Amérique du Sud, où la Guyane est figurée d'après les récents témoignages[3]. — En Flandre, Jodocus Hondius publie aussi une carte de « ce merveilleux pays de Guyane ». A Edam, une carte, également datée de 1599 et signée de Jan Dycks Soon Wickemans, se recommande aussi de Walter Ralegh[4].

Caractères des cartes nouvelles. — Ce qui frappe d'abord, c'est le naufrage de l'ancienne nomenclature (Tableau XI). Quelques-uns surnagent encore : *cap Blanco* sous l'Équateur ; *cap de Nord*, qui avait paru pour la première fois dans certaines cartes de la fin du XVIe siècle ; on trouve même une fois ou deux *rivière* ou *baie de Canoas*. Mais tous les autres noms sont empruntés aux

1. Atlas portugais de Vaz Dourado (Cartes d'Amérique), vers 1580. Elles ont été publiées dans l'Atlas de Kunstmann, pl. 9. — La carte de Langren, que nous avons reproduite (tableau X de ce mémoire et n° 6 de l'Atlas), d'après l'exemplaire conservé aux Archives du Ministère des Affaires étrangères, peut donner une idée de ce tracé, dont elle s'inspire visiblement. Le même type se retrouve dans la carte manuscrite sur parchemin, dessinée à Dieppe en 1501 par G. Levasseur (*Service hydr. de la marine*, portef. 116, pièce 6). Il s'accuse encore dans la carte portugaise faite en 1618 par Domingo Sanchez, qui est reproduite dans l'atlas.

2. Bibl. nat. — Cette carte a été reproduite, d'après un exemplaire de la Bibliothèque du Congrès de Washington dans l'Atlas publié par la Commission américaine (*Maps of the Orinocco-Essequibo*, etc., n° 23).

3. Bibl. nat., pf. 40 (180). — On trouvera un extrait de cette carte reproduit dans J. Winsor, *History of Amerika*, t. VIII, p. 408.

4. *Service hydrographique de la marine*, portef. 116, pièce 5.

langues indigènes; ce sont, à quelques variantes près, les mêmes qui sont en usage aujourd'hui.

TABLEAU XI. — *Cartes postérieures aux explorations anglaises et hollandaises.*

TH. DE BRY (1599)	LEVINUS HULSIUS (1599)	JAN DYCKS (1599)
R. de las Amazones.	Rio de las Amazones et Orellana.	
Pinis baya.	Pinis bay.	
	C. de Nort.	C. de Nord Hispanis.
R. Arowary. ARWAC.	Pynes Baye.	Pinis baya.
	Aricowary.	R. Arowary.
R. Awaripoco. IAOS.	Awari.	R. Awaripako.
R. Mabary.	Mabary.	Mabari.
R. Comawini.	Comawini.	R. Comawini.
R. Cayporonne. ARICA.	Cayporonne.	R. Cayporonne.
R. Aricawary.	C. de la Conde.	
R. Wiapago. CARIBES.	Waïapago. Fl.	R. Wiapago.
R. Conestable.		R. Conestas.
R. van Canoas.	B. of Canoas.	R. v. Canoas.
R. Caperwacka.		Caperwaka.
R. Cawo. I. Encajare.		R. Cavo.
R. Marissemo. I. Gowateri.	Marissemo.	R. Marisemo.
R. Caliane oste Cayane.	Cajane. Fl.	Caliane oste Cajane.

Dans le figuré de la côte le trait nouveau qui s'accuse nettement, même dès ces premières cartes, c'est l'individualité du cap qui se trouve à l'Est de l'embouchure de l'Oyapok, et qu'elles désignent, les unes sous le nom de cap de la Conde, les autres sous le nom de cap d'Orange. La différence qu'elles indiquent entre ce promontoire et le cap de Nord est de plus de 2 degrés de latitude; il n'y a donc plus moyen désormais de les confondre, tandis qu'il était impossible de ne pas le faire sur la carte d'Arnold de Langren, en voyant la côte courir pendant plus de 160 lieues d'Espagne dans une direction uniforme Est-Ouest, suivant le 4° degré de latitude!

Si l'on veut mesurer le progrès qui s'accomplit en trente ans, il faut, à cette carte de Langren, comparer celle que Jean De Laet inséra en 1625 dans la première édition de son livre intitulé *Nouveau Monde ou description de l'Inde occidentale.* On la trouvera reproduite dans l'atlas (n° 11). L'aspect de la côte y est tout moderne. Les positions mathématiques des points principaux, cap de Nord, cap d'Orange, Cayenne, se rapprochent beaucoup de la vérité. Cette carte, reproduite dans les éditions successives du grand ouvrage de De Laet, peut être considérée comme le prototype de celles que publia, pendant le cours du XVIIe siècle, le grand établissement géographique de Blaeu, et même, en France, de celles de N. Sanson et de du Val d'Abbeville. C'est le *criterium* qui sert à discerner les cartes surannées qui se perpétuaient encore.

Nous insérons ici un extrait de la carte de N. Sanson, qui est dérivée de celle de De Laet.

Réduction extraite de la carte de N. Sanson dont le titre est : *Partie de Terre ferme où sont Guiane et Caribane*... (Dépôt géographique du Ministère des Affaires Étrangères, fonds d'Anville, n° 9.562.)

CHAPITRE IX

LA RIVIÈRE VINCENT PINZON DANS LA CARTOGRAPHIE NOUVELLE.

Pinis bay. — L'*Iwaricopo* de L. Keymis. — Carte de l'*Arcano del Mare* de Dudley. — Rivière, baie, île, cap de Vincent Pinzon. — Existence d'un bras septentrional navigable de l'Araguary. — Témoignages de Jean De Laet et des atlas maritimes du XVIIe siècle.

Qu'est devenue, dans ce changement, la Rivière de Vincent Pinzon qui, depuis Sébastien Cabot et Mercator, faisait partie de la nomenclature obligatoire de toutes les cartes ? On a voulu la reconnaître dans le *Pinis Bay*, *Baye* ou *Baya*, *Pynes Baya*, des cartes de 1599 ; noms qui semblent se reproduire en 1604 dans la carte de Matteo Nerone sous la forme B. *de Pinses*[1], et plus tard, comme dernier exemple connu, dans la carte de Jean Teixeira en 1627, sous la forme probablement altérée et inintelligible pour l'auteur lui-même de *Pinis buro*. Il ne saurait y avoir, contre cette hypothèse, d'objection tirée de l'emploi du mot baie : nous l'avons déjà rencontré dans la carte de Wright ; nous le trouverons, dans Dudley, employé comme double dénomination, à côté du mot Rivière de Vincent Pinzon[2]. Convenons pourtant que l'autre partie du vocable est équivoque ; et sans nous

1. Cette mappemonde, de type décoratif, signée de Matteo de Pesciolo (Florence, 1604), se trouve à la Bibliothèque nationale. La nomenclature ne décèle aucune trace des nouvelles cartes hollandaises ou anglaises. Le mot *B. de Pinses* se trouve à l'O.-N.-O. de l'embouchure de l'Amazone, entre une *Costa baxa* et un *R. de Medanes*.

2. *Arcano del mare — carte de Guiane* (n°s 13 et 13 *bis* de l'Atlas). — Le nom de *Baie*, que les géographes du XVIIe siècle emploient de préférence au nom de *Rivière* de Vincent Pinzon, n'exclut pas assurément l'existence de la rivière ; il montre seulement qu'il y avait là un abri, un mouillage sûr pour les navires. De là vient que le mot *port* est aussi employé pour la même désignation. Dans l'ouvrage intitulé *Descobrimento do Brazil* (Baya, 1627), Fr. Vicente de Salvador s'exprime ainsi (ch. 3) : « Le fameux cosmographe Pedro Nuñez dit que le territoire du Brésil, relevant de la couronne du Portugal, commence au delà de la pointe du Rio des

prononcer sur sa signification, adressons-nous à des témoignages plus sûrs.

Keymis, on l'a vu, avait écrit en regard de l'*Iwaripoco*, très grande rivière située immédiatement à l'Ouest de celle qu'il appelle Arowari, ces mots significatifs : « C'est là, à ce qu'il semble, que l'Espagnol Vincent Pinzon trouva ses émeraudes. » Par quoi cette hypothèse aurait-elle pu lui être suggérée, sinon par la confrontation des anciennes cartes ? Ce nom se présentait naturellement à son esprit à l'endroit où par 1° et demi N. il rencontrait une large embouchure fluviale. Ces navigateurs n'avaient probablement que maigre souci d'identifications géographiques ; cependant pour quelques noms d'importance majeure ils jugèrent bon de noter la correspondance avec la vieille nomenclature. Il y avait intérêt à le faire pour la Rivière Vincent Pinzon, à cause de sa présence quasi-universelle sur les cartes, peut-être de l'importance politique qu'elle commençait à prendre. Il y en avait aussi à l'égard de cette *Rivière des barques (Rio de Canoas)*, dont le nom semblait promettre un passage fluvial vers l'intérieur. Keymis semble[1], comme plus tard son compatriote Leigh, identifier cette fameuse rivière avec l'Oyapok; De Bry paraît la placer dans un estuaire voisin; Dudley la place au Rio Cavo. En tout cas, il ne vint à l'idée de personne, maintenant que les positions respectives du cap de Nord et du cap d'Orange étaient bien connues, et qu'il n'y avait plus de risque, avec les cartes nouvelles, de les confondre l'un avec l'autre, de placer une rivière Vincent Pinzon à l'endroit où coulait l'Oyapok.

Cartes de l'Arcano del mare. — L'identification de Keymis au sujet de la rivière Vincent Pinzon fut adoptée, sauf une légère variante, par Robert Dudley, duc de Northumberland, dans le célèbre Traité de navigation accompagné de cartes, qui est intitulé *Dell'Arcano del mare*.

Ce gentilhomme anglais, que son catholicisme éloigna de son

Amazones, dans la partie occidentale, au *port de Vicente Pinso* qui est situé par deux degrés Nord de la ligne équinoxiale. » — Témoignage doublement à noter, à cause du mot *port* appliqué à Vincent Pinzon, et à cause de la position astronomique qui lui est attribuée. Nous verrons plus loin que l'opinion des géographes portugais les plus autorisés n'a pas varié sur ce point.

1. Hakluyt, *ouvr. cité*, t. III, p. 687. — Sur le témoignage de Leigh (1604), Purchas, *Pilgrim*, l. VI, ch. 14 (t. XIV, p. 1260). — Levinus Hulsius, dans sa carte déjà citée de 1599, exprime à sa manière son opinion, en faisant du fl. Caïane et du fleuve Waïapago deux émissaires du lac Parime vers l'Atlantique.

pays et qui passa la plus grande partie de sa vie dans les États du grand-duc de Toscane, avait participé lui-même, vers 1595, à une expédition dans les Indes occidentales, et n'avait cessé de recueillir des documents propres à éclairer les navigateurs. En 1608, il était en état de fournir au capitaine R. Thornton, envoyé par le grand-duc Ferdinand Ier, sur les côtes Guyanaises voisines de l'Amazone, une carte qui lui fut d'un grand secours [1]. Les deux cartes reproduites dans l'Atlas (n° 13 et n° 13 *bis*) et dont nous donnons ici un extrait, sont empruntées à une édition publiée en 1647, après sa mort [2]. Mais leur composition remonte beaucoup plus haut ; et, comme il ressort d'une légende du n° 13 *bis*, l'une est plus ancienne que l'autre.

La première est visiblement inspirée de Keymis. Elle ne dépasse guère l'Équateur au sud.

La seconde, qui s'avance au sud de l'Équateur jusqu'au 4° de latitude et comprend ainsi l'estuaire de l'Amazone, a été dressée d'après les découvertes faites par les Hollandais dans le chenal occidental du fleuve ; découvertes qui étaient achevées en 1624 [3].

Toutes deux concordent remarquablement sur les points qui nous occupent :

Par 1° 50′ de latitude boréale environ se projette un cap d'Arowari, aux abords duquel sont marqués des chiffres de sondages, avec cette légende : *Eau trouble et fangeuse*. La seconde carte, précisant davantage, donne à cette pointe, séparée cette fois du continent par un chenal, et placée dans une position un peu plus méridionale, le nom de Cabo del Nort. — Or, la vraie latitude du cap de Nord est 1° 41′ N.

A l'ouest de ce cap, et presque à la même latitude, les noms de Rivière et Baie de Vincent Pincon (*sic*) sont donnés à une rivière appelée Awaripoco, un peu au sud de l'Iwaripoco de Keymis. On retrouve *à la même position*, dans la seconde carte, une Baie de Vincent Pincon, identifiée cette fois avec une rivière Taponaowiny,

1. *Dell' Arcano del mare*, t. III, p. 47. Notice de la carte n° 14.

2. *Dell' Arcano del mare, di D. Ruberto Dudleo duca di Nortumbria e conte di Warvick.* — Parte seconda del tomo terzo ; in Firenze, Francesco Onofri, 1647.

3. Requête à la Chambre de Zélande de la Compagnie des Indes occidentales, pour assurer la sécurité des établissements fondés sur l'Amazone (*U. S. commission on boundary between Venezuela and British Guiana*, t. II. *Extracts from Archives*, n° 13. Washington, 1897).

que l'auteur a empruntée aux cartes hollandaises. Or, la vraie latitude de l'embouchure du Carapapori, ancienne branche Nord de l'Araguary, est 1° 51′ 20″ N.

Immédiatement à l'ouest de la Baie de *Vincent Pincon*, on voit dans la deuxième carte un cap appelé aussi *Pincon*. — Ce cap est visible, à l'ouest du Tapanaouyny (*sic*) dans la carte de De Laet, malgré sa petite échelle (N° 11 de l'Atlas). Il est encore distinct dans les contours actuels de la côte, au nord-ouest de Carapapori.

Enfin, une île de *Vincent Pincon* figure dans les deux cartes ; mais, il est vrai, avec une différence de latitude : 2° 10′ N. dans l'une, 2° seulement dans l'autre. La divergence s'explique, si l'on considère que l'île dite aujourd'hui de Maraca, qui est évidemment désignée ici sous le nom de Vincent Pincon, se compose de deux parties entre lesquelles le centre, noyé de marécages, n'établit encore maintenant qu'une soudure imparfaite. — La carte de De Laet indique nettement cette île, sans la nommer.

Ces détails minutieux étaient nécessaires. C'est la première fois, en effet, que nous nous trouvons en présence de cartes relativement précises, permettant de suivre la configuration véritable des lieux. Or, l'épreuve paraît décisive ; elle permet bien de retrouver, dans les linéaments tracés par les hydrographes du commencement du XVII° siècle, le signalement caractéristique de la rivière Vincent Pinzon que nous ont fait entrevoir les vieilles cartes du *Padron real*.

Existence d'un bras septentrional de l'Araguary. — Ce que commencent aussi à nous laisser soupçonner ces nouvelles cartes, c'est la complication extraordinaire de ce réseau hydrographique, terres deltaïques noyées, dédale de bras fluviaux qui s'enchevêtrent, écheveau d'autant plus difficile à débrouiller qu'il est sujet à de fréquents changements. Mais déjà les cartes sont en état de fournir quelques points de repère.

Keymis se demandait, devant ces rivières voisines de l'Amazone, si elles n'étaient pas des bras du grand fleuve ; et l'on voit, dans les croquis et notes manuscrites de Guillaume De l'Isle[1], que notre

1. Ces manuscrits sont conservés au Service hydrographique de la marine (portefeuille 203). Voir notamment (portefeuille 75, pièce 305) la carte manuscrite intitulée : *Route du deuxième voiage de Gualter Ralegh en Guiane l'an* 1596. G. de l'Isle y traduit cartographiquement les indications de L. Keymis. — Dans la carte de l'Amérique du Sud qu'il publia en 1700, on peut lire cette légende :

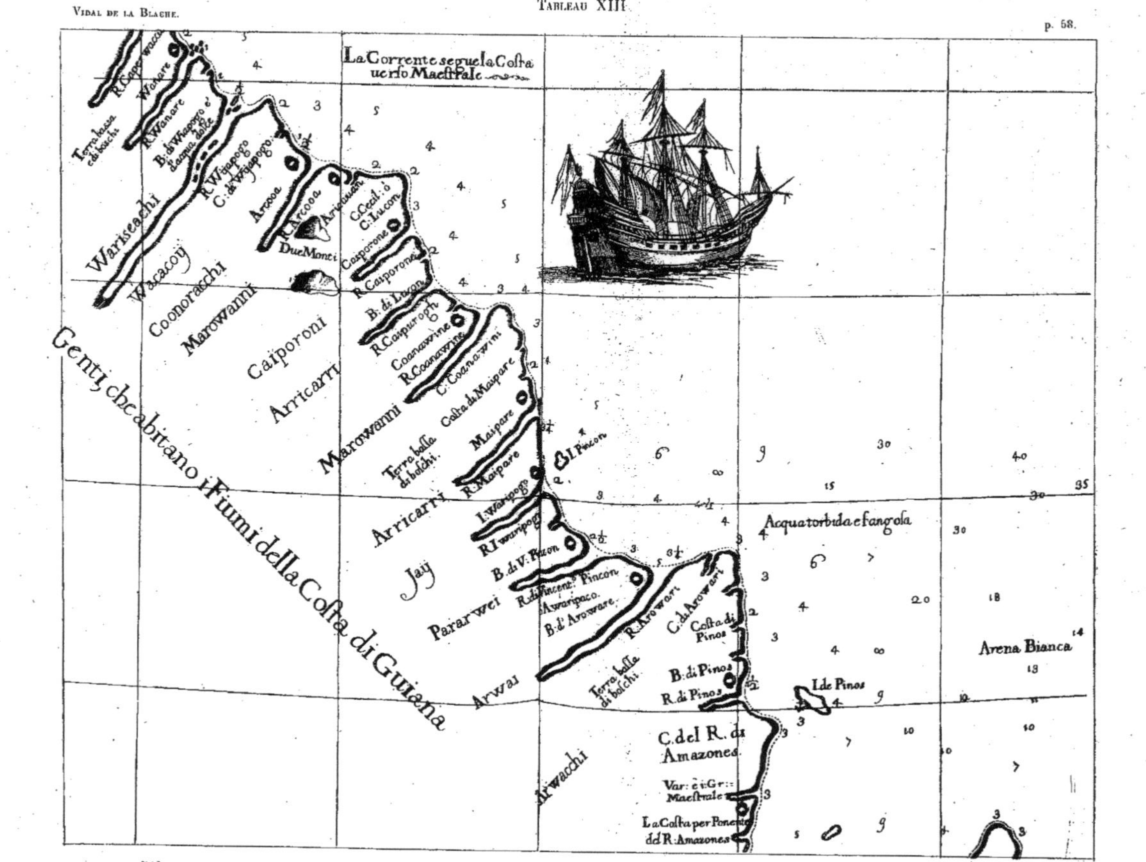

Réduction extraite de la carte *Impèrio di Guiana* de Robert Dudley. — *Dell'arcano del Mare*, livre VI, carte n° XIV). (Bibl. nat. de Paris, grand in-folio V. 496.)

Réduction extraite de la *Carta particolare dell' Rio d'Amazone* de Robert Dudley (*Dell' Arcano del Mare*, livre VI, carte n° XV).

géographe partagea quelque temps cette manière de voir. Les moyens de démêler ce réseau intérieur, qui présente encore pour nous tant d'obscurités, manquaient à plus forte raison alors. Cependant, il est un fait que les patientes investigations des premiers navigateurs hollandais réussirent à mettre en évidence dès le XVIIe siècle, c'est qu'il existait, entre le continent proprement dit et le groupe de terres dont fait partie le cap de Nord, une séparation fluviale due à la bifurcation de l'embouchure de l'Araguary. « Ceux, dit De Laet, qui, cherchant à entrer dans l'Amazone, auraient sans le vouloir dépassé le promontoire du cap Nord, peuvent sans difficulté rentrer dans le fleuve à la voile au moyen de ce chenal. La bouche septentrionale de cet Arewary (*sic*) est distante de l'Équateur de *un degré trente minutes vers le Nord*[1]. »

Remarquons cette position : elle se rapproche sensiblement de celle que nous assignons aujourd'hui à l'embouchure du Carapapori ; et elle est exactement la même que celle que le Portugais Berredo, après le traité d'Utrecht, assignait à la rivière de Vincent Pinzon.

Le commentaire de ce curieux passage nous est fourni par les Atlas maritimes, *Flambeau de mer, Colonne flamboyante, Tourbière ardente* qui se publiaient en Hollande au XVIIe siècle[2], et dont l'Atlas reproduit deux spécimens, l'un emprunté à Roggeveen (1675), l'autre à Van Keulen (1695). Ces deux cartes (no 15, no 19 et 19 *bis*) n'avaient pas assurément la prétention de reproduire, même de loin, la physionomie du labyrinthe aquatique que présente la côte à l'ouest du cap de Nord ; mais elles avaient pour objet de montrer avec précision, avec sondages à l'appui, le chenal dont pouvaient user les navigateurs. C'est pourquoi le cours intérieur de l'Araguary n'est pas tracé, pas plus que le point de bifurcation des deux bras ; on y voit seulement l'Araguary débouchant, ici au nord, là au sud d'une grande île terminée par le cap de Nord.

« *Arcoa* r. que l'on croit être un bras de celle de l'Amazone. » La légende, ainsi que l'hypothèse, ont disparu dans sa carte de 1703.

1. « ... Os autem illius (Arewary) septentrionale distat ab Æquatore uno gradu et triginta scrupulis versus arctum. » (De Laet, *ouvr. cité*, l. XVII, ch. 3, p. 631.)

2. Arnold Roggeveen, *Het erste deel van het Brandende Veen*, etc. (Amsterdam, P. Goos, 1675). — Id., « *La primiera parte de la Turba ardiente*, etc. — Ib., 1680, Bibl. nat., fol. V. — 497, carte no 1. — Van Keulen, *Flambeau de la mer*, éd. de 1695. Bibl. nat., cartes, nos 124 et 126.

Ces documents permettent donc de reconnaître qu'au XVIIe siècle il y avait encore un bras septentrional de l'Araguary, relevé dans les cartes marines et fréquenté par la navigation. Il faut naturellement en conclure qu'au XVIe siècle à plus forte raison ce bras existait. Ce n'est qu'au XVIIIe siècle, comme nous verrons, qu'il commença à s'obstruer.

CHAPITRE X

ORIGINES DE LA QUESTION DE FRONTIÈRES

Fondation de Para (1616). — Carte du Brésil composé en 1627 par Jean Teixeira. — Elle place la limite septentrionale du Brésil à la rivière de Para. — Atlas dressé en 1640 par le même Teixeira. — La donation de Bento Maciel Parente (1637). — Le Cap de Nord cité dans cet acte est la pointe de Macapa. — Les Portugais forcés d'abandonner la rive septentrionale de l'Amazone.

Dans les plaidoyers qu'adressaient aux États généraux de Hollande, en 1603, des hommes d'initiative en faveur de la colonisation de la Guyane, après l'étalage obligé des richesses naturelles du pays, des mines d'or et d'argent qu'on ne manquerait pas d'y trouver, un des arguments invoqués était celui-ci : les places habitées par les Espagnols sont fort distantes des points qu'on pourrait occuper ; et d'autre part « la situation du pays est telle que les places les plus voisines occupées par les Portugais dans le Brésil sont éloignées de plus de 300 miles[1]». Le nom de *Côte Sauvage,* si communément employé par les cartes de l'époque, semblait traduire aux yeux de tous cette condition de la Guyane.

Il était à croire, cependant, que le prestige du grand fleuve des Amazones, avec cette pénétration immense qu'il ouvrait au cœur du continent, ne laisserait pas à jamais indifférents les peuples qui s'en attribuaient, au moins nominalement, les rives. Un pas significatif fut fait en 1616 par les Portugais : la fondation de Para. Dès ce moment il fut facile de prévoir l'imminence d'un conflit entre les maîtres de la rivière de Para et les établissements que fondaient les Hollandais dans la partie occidentale de l'Amazone.

1. Mémoire présenté aux États généraux de Hollande sur la colonisation de la Guyane, dans les archives du royaume des Pays-Bas, à La Haye (*U. S. Commission*, etc., t. II, nº 9, p. 30). L'auteur de ce mémoire est Wilhem Usselinx, d'Anvers, un des promoteurs de la future Compagnie des Indes.

L'époque n'était plus éloignée, où allaient naître des questions de limites.

Carte officielle portugaise en 1627. — L'ignorance des Portugais sur la région située à l'ouest du Para était encore très réelle à cette date. Ce ne serait peut-être pas une preuve péremptoire que la publication d'une carte aussi surannée à tous égards que celle que Domingo Sanchez faisait paraître, en 1618, à Lisbonne[1]. Mais nous possédons, se rapportant à une date plus récente, un document bien plus autorisé, dans la grande carte du Brésil que publia en 1627 Jean Teixeira, « membre de la Chambre de Sa Majesté et son cosmographe pour les royaumes de Portugal », ainsi qu'il s'intitule dans la légende.

Le Brésil, y est-il dit, commence « pour la partie du Nord, à la grande rivière de Para, dont l'entrée est sous la ligne de l'Équateur ». Rien de plus explicite que cette déclaration qui, comme on voit, ne tient nul compte des prétentions par trop aventurées que nous avons vues se produire, dès 1587, jusqu'à l'ouest des Amazones[2]. Elle est d'ailleurs amplement confirmée en fait par la constitution intrinsèque de la carte. Autant les noms se succèdent, en colonnes serrées, à l'est de Para, autant, à l'ouest, l'indigence de la nomenclature trahit le vide des renseignements. Tout est anonyme dans l'archipel, de dessin purement schématique, qui garnit l'embouchure de l'Amazone. L'Amazone elle-même n'est pas nommée. Quelques noms sont épars sur la

1. C'est une mappemonde manuscrite sur parchemin, richement enluminée, où l'on lit ces mots : *Domingo Sanchez a fes em Lisboa anno* 1618. Elle se trouve à la Bibliothèque nationale. On en a donné dans l'Atlas une reproduction (nº 8).

2. Voir *suprà*, p. 44, et *ib.*, note 1 (*Roteiro geral con largas informaçoẽs de toda a costa do Brasil*, etc., ch. 3). Ce chapitre commence par ces mots : « Mostrasse claramente segundo o que se contem neste capitolo atras que se começa a costa do Brazil alem do Rio das Amazonas da banda de oeste pella terra que se diz dos Caribas do Rio de Vte Pinsom que demora de baixo da linea. » C'est-à-dire : « On a clairement montré dans le chapitre précédent que la côte du Brésil commence au delà du Rio des Amazones, sur la rive occidentale, à la terre dénommée des Caribes du Rio de Vte Pinson, qui reste au-dessous de la ligne. » Et à la phrase suivante, on se rappelle que l'auteur, Gabriel Soarez de Souza, précise la position de la rivière en disant qu'elle se trouve à 15 lieues de la pointe du Rio des Amazones appelée le Cabo Corso. Toutes ces indications se laissent parfaitement suivre sur les cartes du temps; et nous ne saurions partager l'opinion de M. d'Avezac, qui voit dans la rivière Vincent Pinzon le bras occidental de l'Amazone (*Bull. de la Soc. de géogr. de Paris*, 1857, 2e semestre, p. 202 sqq.).

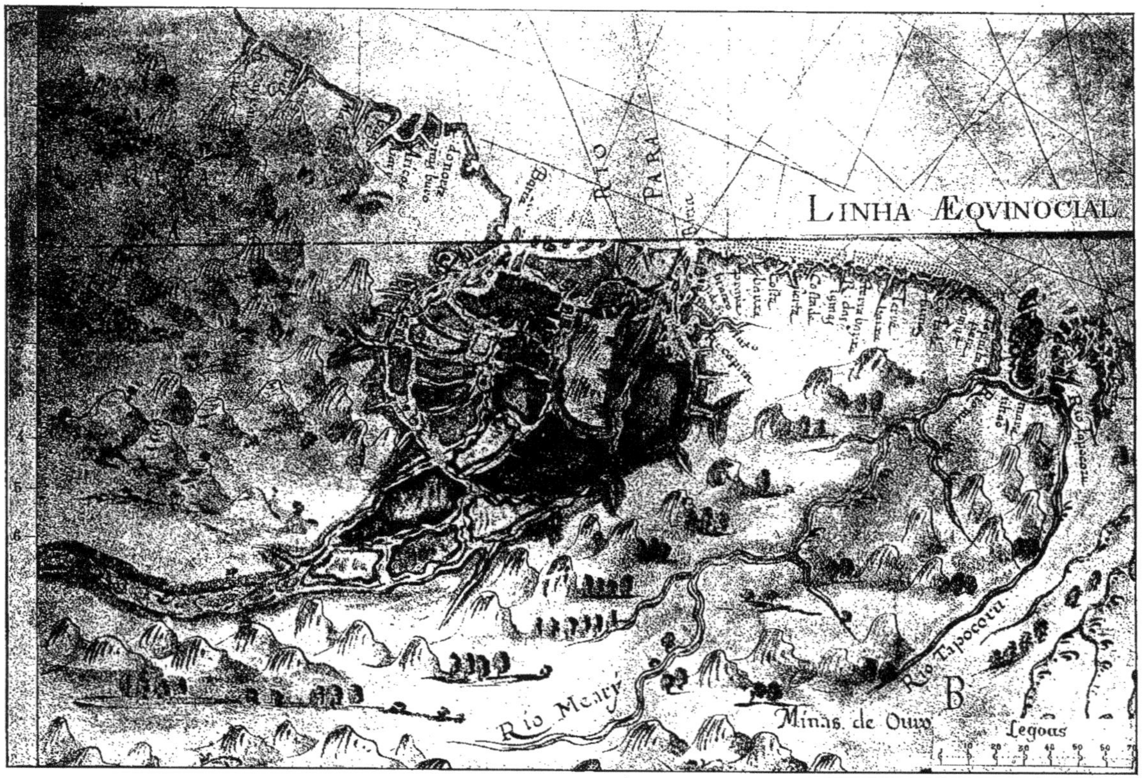

Tableau XV

Réduction extraite de la carte générale du Brésil, inscrit sous le n° 5 dans le Portulan en 46 feuilles intitulé : *Livro emq se mostra a Descripçao de toda a Costa do Estado do Brasil etc. Feito por Joao Teixeira Albernas moço da Camara de Sua Mag^de e seu Cosmographo. Em Lixboa. Anno de* 1627. (Bibl. nat. de Paris, n° 8.372.)

fraction de littoral, de minime étendue, qui lui succède à l'ouest. Mais il n'est pas besoin d'un long examen pour s'apercevoir que ces noms ne sont que des déformations maladroites de ceux qui figuraient dans les cartes publiées vers 1599 en Hollande ou en Allemagne[1]. Non seulement l'absence d'informations personnelles s'y montre à découvert; mais il est clair que les documents gauchement interprétés datent de près de 30 ans, et que Teixeira n'a rien su des cartes autrement précises et circonstanciées qui dès 1625 avaient paru sur l'Amazone.

Ainsi, en fait comme en droit, au point de vue portugais, le Brésil ne dépassait pas la Rivière de Para, d'après la carte officielle de 1627. Sur la question de droit même, les étrangers faisaient des réserves. Tout en reconnaissant la possession de fait créée par l'extension récente des capitaineries portugaises jusqu'au Para, Jean De Laet avait soin de rappeler que la vraie ligne de démarcation pontificale entre l'Espagne et le Portugal n'était pas là, mais au *Màranhaon*[2]. Jean Mocquet, vers la même époque, tout en se ralliant aussi à la limite effective récemment atteinte par le Brésil, ne laissait pas de faire remarquer que ce n'était pas l'opinion de tout le monde, et que pour plusieurs l'estuaire de Maragnan (*sic*) constituait la vraie limite septentrionale du Brésil[3]. Que des opinions individuelles extrêmes eussent revendiqué déjà pour le Portugal la frontière du Vincent Pinzon, on l'a vu par le cas de Soarez de Souza; mais elles ne tiraient pas autrement à conséquence. La contestation traditionnelle entre l'Espagne et le Portugal était restreinte entre la frontière du *Maragnan* et celle de l'Amazone, l'une par deux degrés et demi de latitude australe,

1. Les traces d'altérations ou de mauvaises lectures sont évidentes :
pinis *buro*, pour baya;
bago, terminaison altérée du mot Awaribogo (Jodocus Hondius, dans l'Atlas de Mercator de 1606);
Mabarey, pour Mabary;
Camaviez, pour Comawini (de Bry, Dycks, Hondius);
Cayparanuco, pour Cayporonne (de Bry, Dycks).

2. *Novus orbis*, etc., p. 625 : « Superiori libro absolvimus descriptionem Brasiliæ septentrionalis et lustravimus oram omnem usque ad Param, quam Lusitani hodie numerant inter Capitanias, quæ ab ipsis in hac parte Americæ meridionalis possidentur; licet Brasiliæ limites nunquam ante huc usque pertinuerint, sed secundum Bullam Pontificis romani et ea quæ postea inter Reges Castellæ et Portugalliæ convenerant, desierint ad *Maranhaon*. »

3. Jean Mocquet, *Voyages en Afrique, Asie, Indes orientales et occidentales* (Paris, 1617), livre II.

l'autre sous la ligne de l'Équateur[1]. Les cartes, suivant les provenances et les intérêts du moment, s'étaient partagées entre les deux limitations. Lors donc que Jean Teixeira énonçait que le Brésil se terminait à la rivière de Para, loin d'impliquer un abandon quelconque, cette définition prétendait sanctionner un droit qui était encore loin de se trouver à l'abri de toute contestation.

Atlas composé par Jean Teixeira en 1640. — Il est vrai que déjà, à la date où paraissait la première carte de Jean Teixeira, le mouvement offensif des Portugais de Para s'était dessiné contre les établissements anglais et surtout hollandais de l'embouchure occidentale de l'Amazone. Les cartes, que le même géographe inséra dans l'atlas publié par lui en 1640, montrent le chemin parcouru dans l'intervalle[2].

L'une est une carte d'ensemble de « la terre de Santa-Cruz, que l'on appelle Brésil ». Elle est graduée en latitudes, et s'étend du *Rio da Prata* par 34° de lat. S. au R. de *vº pinsaj* (sic) par 2° environ de latitude N. L'autre, où la graduation se réduit au tracé de la ligne équinoxiale, est destinée à montrer en détail l'archipel des Amazones et la rive gauche, théâtre des récents succès des Portugais. Nous en donnons ici un extrait. Des noms, qui ne sont pas les mêmes que ceux des cartes hollandaises contemporaines, retracent une sorte de rudiment de géographie politique dans ces régions qu'ignorait profondément la carte de 1627. Deux fois on lit : « Fort que nous prîmes aux Hollandais. » L'un de ces forts est situé en terre ferme, entre deux districts dits *province des Tucujus* et *province des Maranguis*. Cette « province des Maranguis » est la dernière vers le nord; elle s'arrête au point où la ligne équatoriale atteint le continent. On peut donc admettre que c'est là que s'arrêtaient les établissements fondés par les Portugais sur les ruines des ancien-

1. Dans la carte de Diego Ribero (1527), que nous avons citée (1re partie), la Ligne de démarcation coupe le continent à la rencontre de l'Équateur, au point où est marquée *Furna grande*. On a vu que ce mot correspond en réalité à l'embouchure de l'Amazone. Ainsi tombe l'argument qu'on a voulu en tirer en faveur d'un droit ancien portugais dépassant à l'ouest le grand fleuve.

2. Deux Atlas de Jean Teixeira, conservés à la Bibliothèque nationale, l'un de 1627, l'autre de 1640, renferment les cartes dont nous parlons. La carte de 1627, en deux parties, est reproduite sous les nos 10 et 10 *bis* de l'Atlas. Les deux cartes de 1640 y figurent sous les nos 12 et 12 *bis*.

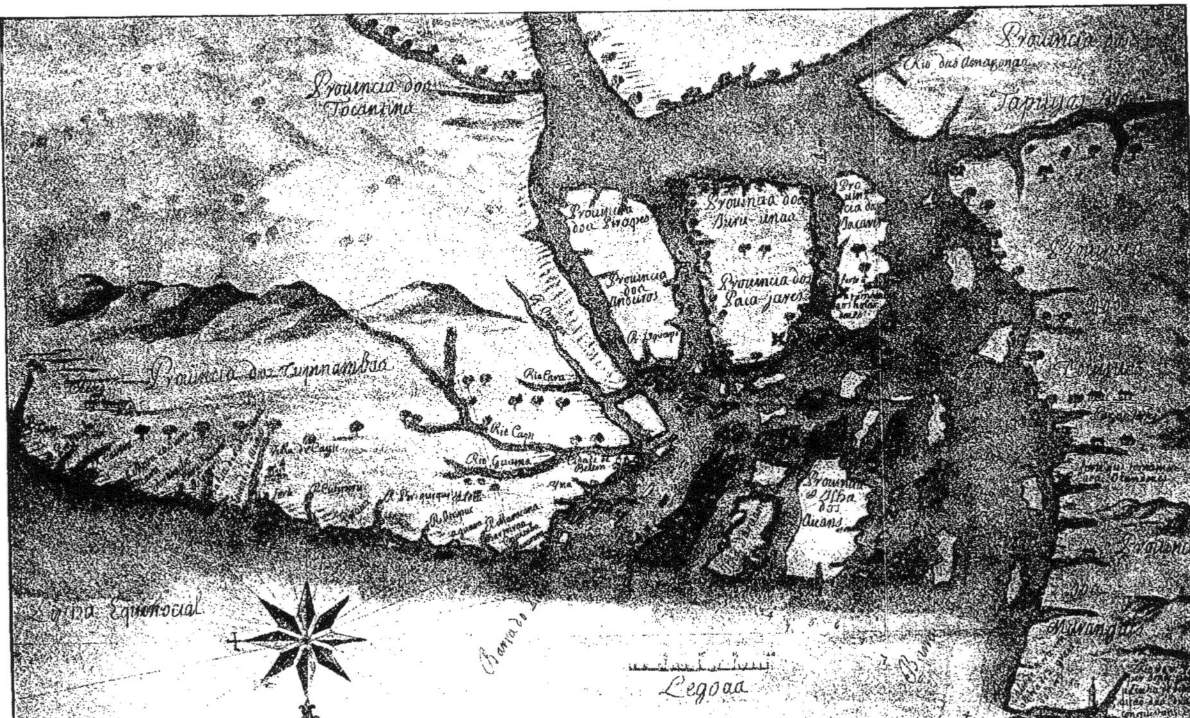

Réduction extraite de la carte des Bouches de l'Amazone, feuille n° 32 de l'Atlas en 32 feuilles intitulé : *Descripçao de todo o maritimo da Terra de Sta Cruz, chamado vulgarmente o Brasil, Por Joao Teixeira, Cosmographo da Sua Majestade.* Anno 1640. (Bibl. nat. de Paris, D. D. 2.020.)

nes colonies hollandaises. Encore convient-il de faire observer que Teixeira a plutôt amplifié les possessions de ses compatriotes. Car, en 1640, cette délimitation n'était pas généralement admise ; c'était plus au sud, à la rivière Genipape (actuellement Yari), que les cartes et écrits du temps placent la frontière des provinces portugaises[1]. Ce n'est qu'en 1656 que Sanson, dans la carte que nous avons reproduite, exprime cette frontière par une ligne suivant parallèlement l'Équateur, un peu au Nord.

Mais Teixeira ne se borne pas à enregistrer les dernières conquêtes ; de nouvelles prétentions se font jour sur sa carte.

En voyant sur cette carte les noms de Province des Maranguis et celui de Cap de Nord se toucher presque, l'œil serait tenté de les croire tout voisins, si une légende n'était là pour avertir que le cap de Nord est par deux degrés de latitude septentrionale. C'est que, par une déformation imposée par les nécessités du cadre, mais qui n'est peut-être pas innocente, la distance a été réduite entre l'Équateur et le cap de Nord. En tout cas, cette partie de la côte, que nous avons vue si vague dans l'atlas de 1627, est maintenant revendiquée. Car, à quelques lieues à l'ouest, un estuaire se dessine, sur lequel apparaît le nom de Rivière de Vincent Pinzon. Pour ne laisser aucun doute, un pilier se dresse à côté ; et l'on lit cette légende, que les contemporains de Charles-Quint eussent trouvée singulièrement aventureuse : « Par où passe la démarcation des deux conquêtes. »

Il est manifeste qu'au moment où les couronnes d'Espagne et de Portugal, réunies pendant soixante ans, venaient de se séparer, le géographe officiel du Portugal a mis une certaine affectation d'insistance à affirmer les prétentions actuelles de son gouvernement.

La donation de Benito Maciel. — Que s'était-il donc passé dans l'intervalle ? Des conquêtes, nous l'avons vu, dont le résultat avait été d'étendre temporairement au profit du Portugal la possession de fait jusqu'à l'Équateur. Mais il faut tenir compte aussi de l'existence d'un acte officiel qui pouvait facilement être inter-

1. Carte de Blaeu publiée en 1640, dont l'original au British Museum a été reproduit dans l'atlas de la Commission des États-Unis sur la frontière du Vénézuéla (n° 27). — Témoignage du comte de Pagan, aux chapitres 32 et 34 de sa *Relation historique et géographique de la grande rivière des Amazones dans l'Amérique*. Paris, 1655.

prêté par le Portugal, sinon comme la reconnaissance d'un droit historique, du moins comme la concession d'un droit désormais légal consacrant la limite naguère encore inespérée du Vincent Pinzon. C'était la donation faite, le 14 juin 1637[1], par Philippe IV du nom en Espagne, IIIe en Portugal, à Benito Maciel, gouverneur du Para depuis 1622, et l'un des promoteurs les plus actifs des entreprises portugaises. On comprend que, maître des deux couronnes, Philippe ait consenti sans trop de peine à une extension portugaise, qui risquait d'atteindre en fait les Hollandais ou les Français, beaucoup plus que les Espagnols. Il est dit, dans cet acte, que la concession s'applique « aux terres qui gisent au Cap de Nord, en comptant trente à quarante lieues sur le littoral depuis ce cap jusqu'à la rivière de Vincent Pinzon, où commence le département des Indes du royaume de Castille ; et à l'intérieur, en remontant l'Amazone, le long du canal qui débouche à la mer, 80 à 100 lieues jusqu'à la rivière de Tupuyaussus (*Tapujosos*) » ; avec déclaration que dans les parties « indiquées, là où se termineront lesdites trente-cinq ou quarante lieues », il « sera élevé des piliers de pierre... ».

Ces derniers chiffres ont soulevé une discussion. Et en effet, si la distance qu'ils indiquent entre le cap de Nord et la rivière de Vincent Pinzon était exacte, elle reculerait cette rivière bien au delà du point où il convient de la placer d'après les documents antérieurs. Ces 35 ou 40 lieues, comptées à partir du cap de Nord, nous reporteraient, non pas assurément jusqu'à l'Oyapok, mais à peu près vers le Counani et aux environs du 3e degré de latitude.

Si le donateur s'était borné à disposer de 35 ou 40 lieues de terres inoccupées au delà du cap de Nord, il n'y aurait pas lieu de s'occuper autrement de libéralités dont il pouvait se montrer

1. Le principal passage de cet acte était connu par la citation qu'en avait faite B. Pereira de Berredo, d'après le texte qu'il avait consulté à Para (*Annaës historicos do Estado do Maranhao*, l. IX, p. 283). L'acte tout entier est reproduit dans le livre de M. da Silva, qui affirme l'avoir transcrit sur l'original conservé aux Archives de Lisbonne (*L'Oyapoc et l'Amazone*, Paris, 1861, t. II, 2e document). Les lignes que nous traduisons sont au bas de la page 487. En voici le texte :

« ... das terras que jazem no Cabo do Norte ... que tem pella costa do mar trinta te quarenta legoas de distrito que se contão do dito cabo ate o Rio de Vicente picon aonde entra a repartição das Indias do Reino de Castella, e pella terra dentro Rio das Amazonas ariba da parte do Canal que vai sair ao mar oitenta para sem legoas ate o Rio dos Tapujusos, con declaracão que nas partes referidas por onde acabarem as trinta e sinco te quarenta legoas, ... se porão marcos de pedra. » — Les lieues dont il s'agit sont les lieues espagnoles de 17 et demi au degré.

impunément prodigue. Mais les termes de l'acte qui nous a été transmis impliquent une indication géographique qu'on pourrait formuler ainsi : Le cap de Nord et la rivière de Vincent Pinzon sont à 35 lieues l'un de l'autre. Or, non seulement cela est en contradiction avec les témoignages écrits d'Alonzo de Chaves, de Soarez de Souza et avec les cartes les plus autorisées du XVIe siècle ; mais les cartes mêmes de Jean Teixeira, la carte d'ensemble aussi bien que la carte de détail, donnent un démenti formel à cette assertion. Toutes deux s'accordent à placer la rivière par rapport au cap, à l'endroit même où l'histoire nous oblige à la chercher, c'est-à-dire à une quinzaine de lieues environ. Si la carte de détail, à cause de la déformation que nous avons signalée, pouvait laisser des doutes, ils seraient dissipés par la carte d'ensemble, où la graduation est exactement observée.

Peut-être suffirait-il de constater la rectification, sans chercher la cause de l'erreur. Il est difficile cependant de se dérober à cette question. M. d'Avezac a essayé de prouver que le cap de Nord dont parle la donation ne serait pas celui des cartes contemporaines et de Teixeira lui-même, mais qu'il correspondrait au cap Magoari, situé en effet au nord de Para. Il y a une difficulté à cette hypothèse : le cap Magoari était bien connu depuis longtemps, aussi bien des Espagnols que des Portugais, sous le nom de cap Blanco ; et l'on s'expliquerait mal que le nom de cap de Nord se fût indûment égaré sur un point connu de tous.

Cependant l'hypothèse d'une transposition de noms n'est pas en elle-même improbable. C'était, on l'a vu, sous la ligne même de l'Equateur, que se terminait, avec la province de Maranguis, le domaine que les Portugais avaient entrepris d'occuper, à la suite de la donation de Benito Maciel. Or vers ce point, à peu de distance au Nord, se trouve un promontoire qui figure au XVIIe siècle sur les cartes hollandaises et sur celles de N. Sanson, sous le nom de *Roode Hoeck* [1], et qu'on appelle plus tard Pointe de Macapa. Ce cap fut regardé, après l'établissement définitif des Français en Guyane, comme la limite méridionale de la France

1. *Roohoeck* est placé dans la carte XV d'Amérique de l'*Arcano del Mare* (nº 13 *bis* de l'atlas), par 10 minutes environ au N. de l'Équateur ; de même dans les cartes de De Laet, Blaeú, Sanson, etc. Il paraît donc répondre au cap appelé actuellement Pointe Pedreira. Cependant, dans la carte tirée du *Flambeau de la mer* de 1694 (nos 18 et 18 *bis* de l'atlas), *Roode Hoek* est placé sous l'Équateur même.

équinoxiale. La Barre, dans la définition qu'il nous en donne au début de son ouvrage[1], dit qu'elle se termine « *sous la ligne, à la pointe du Nord de l'embouchure de l'Amazone* ».

Un document officiel portugais, que nous reproduisons en appendice, le procès-verbal de l'expédition de Paëz de Amaral, prouve qu'encore en 1723 il y avait à Para des gens qui attribuaient le nom de cap de Nord à la pointe de Macapa[2].

Il faut remarquer que cette attribution se concilie fort bien avec une habitude que nous font connaître les documents officiels portugais, celle de désigner sous le nom de Province du Cap de Nord la partie maritime de la rive septentrionale de l'Amazone[3]. Pour ceux qui, venant de Para, abordaient dans la province ainsi désignée, la pointe de Macapa était bien le cap qui devait se trouver au Nord. Les Portugais tenaient, en effet, à éviter les parages dangereux qui se trouvent à l'extérieur des îles de l'embouchure. On voit très nettement, dans la carte de J. Teixeira en 1640 et mieux encore dans la carte portugaise de 1663[4], la route qu'ils suivaient de préférence. C'est un chenal intérieur, qui dans la première de ces cartes porte le nom de *canal de Parijo,* dans la seconde celui de *canal de bon Fundo* ; il est jalonné de sondages, et c'est au sud de l'Équateur et par conséquent de la pointe Macapa ou Pedreira, qu'il aboutit en face de la province dite du Cap de Nord.

Ce fut donc probablement cette pointe du Nord, où Teixeira

1. « La France équinoctiale est cette coste de terre ferme qui commence sous la ligne à la pointe du Nord de l'embouchure de l'Amazone. » (La Barre, *Description de la France équinoctiale cy-devant appelée Guyanne et par les Espagnols Eldorado*. Paris, 1666, p. 13.)

2. « ... Il doubla la pointe de Macapa, que quelques ignorants appelaient cap du Nord. »

3. Anno de 1686 : *Sobre o que responde o Governador de Maranhão Gomez Freire de Andrade a informoção que se lhe pedier acerca das conveniencias que pode haver de se fundar una fortaleza on provoação no Cabo do Norte* (Documents ms., Bibliothèque de l'Institut historique et géographique du Brésil). — Dans sa réponse, le gouverneur Gomez Freire de Andrade propose la construction d'un fort à l'endroit appelé *Torrego*, où les Anglais possédaient autrefois un fort que leur enleva Francisco Coello de Carvalho. « Aucune de ces fortifications, ajoute le gouverneur, ne saurait porter ombrage aux Français de Cayenne, attendu qu'elles se trouveraient sur les terres de Votre Majesté. »

4. « Cette carte est extraite du « Livre das praças de Portugal » de Joao Nunes Tinoco (1663). Elle se trouve à Lisbonne, dans la Bibliothèque du Palais d'Ajuda (Estante 46 — prateleira XIII). Une reproduction en a été donnée dans l'Atlas français (nº 16).

plaçait approximativement, vers 1640, l'extrémité des possessions portugaises, qui fut désignée, dans la donation, sous le nom de cap de Nord. On obtient ainsi la distance voulue entre ce point et la rivière de Vincent Pinzon.

L'erreur était assez accréditée par l'usage pour qu'elle ait pu se glisser dans l'acte de donation. Mais un cartographe tel que Teixeira s'estimait sans doute moins libre d'attribuer au cap de Nord une autre position que celle que les cartes les plus autorisées s'accordaient à lui attribuer depuis quarante ans. Il eut donc soin de lui restituer sa position véritable, en notant même la latitude par une légende spéciale : précaution insolite, où semble percer le désir de combattre une erreur répandue chez ses compatriotes. Tout à proximité du cap de Nord, il marque la rivière de Vincent Pinzon et, sur la rive droite, la borne frontière ; de sorte que sa carte est le démenti le plus formel qu'on puisse opposer à l'hypothèse qui les recule à trente-cinq lieues au delà.

En réalité la donation de Benito Maciel resta sans effet durable. Après avoir essayé d'établir un fort sur la rive septentrionale de l'Amazone, les Portugais durent l'abandonner et se réfugier à Corupa[1]. Ce ne fut que longtemps après, vers 1688, qu'ils construisirent le fort de Macapa, et atteignirent, en fait, la limite de l'Équateur.

Mais la carte de Teixeira est un document significatif, qui exprime ce qui était en 1640 le maximum, non seulement des possessions, mais des ambitions portugaises. Une fois engagés dans l'estuaire de l'Amazone, les Portugais aspirèrent à en saisir toutes les embouchures ; et ce pilier, à propos duquel allaient s'accréditer des légendes, était le symbole anticipé de leurs entreprises.

1. *Descripção do Estado de Maranhão, Para, Corupa e rio das Amazonas, feita por Mauricio de Heriarte, ouvidor geral, ... no anno de 1662; por mandado do governador-geral Diogo Vaz de Sequeira* (Publiée par le vicomte de Porto-Seguro, Vienne, 1874). — On lit dans cet ouvrage (§ 32) : « Sur la rive droite (en remontant le fleuve) de l'Amazone, que nous appelons la région du Nord, s'étend la capitainerie de Bento Maciel, qui n'est pas peuplée faute de monde ; elle n'a qu'un comptoir, où l'on fait le commerce avec les indigènes. Elle se compose de terrains élevés, et contient, à l'intérieur, une grande quantité de montagnes dénudées... C'est là que Bento Maciel, à l'époque de son gouvernement, établit la forteresse qui est aujourd'hui à Corupa, et que l'on a retirée parce que la région est stérile et insalubre, et qu'on n'a pu la conserver ; ce pourquoi on l'a remise à Corupa, où elle se trouve maintenant et était auparavant, et où l'avait placée le gouverneur Francisco Coelho de Carvalho. »

CHAPITRE XI

ÉTABLISSEMENTS FRANÇAIS

France équinoxiale. — Définition de ce nom. — Guyane indienne de La Barre. — La frontière dans les cartes françaises antérieures à la guerre de la Succession d'Espagne.

Pendant que les Portugais dessinaient leur marche en avant sur la rive gauche de l'Amazone, les Français, qui depuis si longtemps fréquentaient ces côtes, réussissaient enfin à y prendre officiellement position. Divers essais avaient été faits, dès 1602 et années suivantes, puis en 1633, sous le nom de Compagnie du Cap de Nord. En 1635 avait eu lieu un premier établissement à Cayenne. En 1638 Richelieu délivrait des lettres patentes à une Compagnie de colonisation de la contrée « depuis la Rivière des Amazones, icelle comprise, jusqu'à celle d'Orénoque, icelle pareillement comprise. »

En 1643, messire Poncet, seigneur de Brétigny, se rendait à Cayenne avec le titre fastueux de gouverneur pour S. M. de toutes les terres situées aux Indes occidentales, entre les rivières des Amazones et d'Orénocq [1] ».

Nouvelle expédition en 1652 [2]; mais ce ne fut, en somme, que vers 1664 que l'établissement français fut définitivement constitué, sous l'impulsion énergique de Lefebvre de la Barre, quand déjà les Hollandais s'étaient implantés à l'Ouest du Maroni.

France équinoxiale. — C'était désormais un obstacle à ce que la conception de Richelieu fût remplie dans son ampleur. Cependant

1. Paul Boyer, *Véritable relation de tout ce qui s'est fait et passé au voyage que M. de Brétigny fit à l'Amérique occidentale*, etc. Paris, 1654, p. 136.

2. Jean de Laon, sieur d'Aigremont, *Relation du voyage des Français fait au Cap de Nord en Amérique, par les soins de la Compagnie établie à Paris*. Paris, 1654. — Il s'agit ici de l'expédition dite des douze seigneurs, dont faisait partie Maucourt, un des anciens compagnons de Brétigny.

elle ne s'effaça point; elle resta associée au nom de *France équinoxiale,* qu'on trouve pour la première fois dès 1654 dans une carte de Du Val d'Abbeville[1], et qui à partir de 1663 apparaît comme une sorte de désignation officielle des possessions françaises. Pour La Barre, comme pour la plupart de ses contemporains, la France équinoxiale s'étend de l'Amazone à l'Orénoque.

Il faut en effet, pour comprendre ces dénominations et les idées ou ambitions qui s'y rattachaient, se mettre au point de vue des conceptions géographiques du temps. Que ces contrées aient été sommairement désignées quelquefois chez les Français sous le nom de Cap de Nord, cette formule vague s'explique par l'usage depuis longtemps familier aux navigateurs de se diriger droit vers ce point pour reconnaître l'entrée de l'Amazone[2]. Elle a pu, après avoir figuré dans les chartes des premières Compagnies, rester encore en usage. Mais à mesure qu'on connaît mieux la côte, l'expression cesse d'être employée dans un sens général[3]. Il ne lui est pas arrivé, comme dans l'exemple parfois invoqué du cap de l'Afrique Australe, de devenir une expression vraiment géographique. Les cartes ne la connaissent pas.

Ce qu'elles s'accordent, au contraire, à représenter comme une contrée ayant son individualité propre, formant un morceau à part entre ce qu'elles appellent la terre ferme, le Pérou et le Brésil, c'est ce pays sur lequel depuis le commencement du XVIIe siècle se superposaient les dénominations les plus diverses, Guyane, Caribane, Côte sauvage, Eldorado, Nouvelle-Andalousie, et enfin France équinoxiale. On entendait toujours sous ces différents noms une même contrée, définie par ce caractère essentiel, qu'elle était comme une île immense, enveloppée[4] par les fleuves

1. Cette carte a pour titre : « La Guaiane ou Coste sauvage, autrement Eldorado et Pays des Amazones, aujourd'hui France équinoctiale, par du Val d'Abbeville, 1654. » (*Service hydrogr. de la marine,* portef. 162, pièce 1-8.)

2. Jean de Laet, toujours si au fait des instructions nautiques de son temps, l'indique suffisamment par ces mots : « Nostrates qui jam pluribus annis hoc flumen (Amazone) adierunt, ... testantur illud haud commodius et cum minore discrimine adnavigari posse, quam si..... requiras altitudinem unius gradus et triginta scrupulorum ab Æquatore versus arctum, et deinceps cursum instituas versus Occidentem. » (*Ouvr. cité,* l. XVII, ch. 3, p. 630.)

3. Ferrolles, dans la lettre du 22 septembre 1688, définit ainsi le cap de Nord : « C'est le cap d'une île qui a vingt lieues de terre, nommée par les Indiens Caracapoury. »

4. Dans les cartes de G. de l'Isle de 1700 et de 1703, l'Orénoque et l'Amazone communiquent par le Rio Negro.

Orénoque et Amazone, ou à leur défaut par de hautes montagnes que toutes les cartes se plaisaient à représenter à l'intérieur. Cet isolement semblait l'explication naturelle des causes qui en avaient écarté les Espagnols[1]. Pour les peuples qui entreprenaient maintenant de s'y établir, la Guyane ne se séparait pas de l'Amazone, la possession de l'une de la domination de l'autre. Le nom de France équinoxiale impliquait cette signification ; et si par un démembrement de fait, la partie occidentale entre le Maroni et l'Orénoque lui échappait actuellement, elle n'avait que plus d'intérêt à maintenir du côté de l'Amazone l'intégrité de sa revendication.

Ainsi s'explique que, dans sa description de la France équinoxiale[2], La Barre, après en avoir défini les limites ainsi que nous l'avons rapporté plus haut, la divise en trois parties : l'une entre l'Orénoque et le Maroni, l'autre entre le Maroni et le cap d'Orange, la troisième entre le cap d'Orange et la ligne de l'Équateur. Celle-ci est désignée sous le nom de Guyane indienne.

Il serait aussi contraire au sens de cette distinction qu'aux termes mêmes de l'auteur, de conclure, comme on l'a fait, que pour le gouverneur de la France équinoxiale la contrée d'au delà le cap d'Orange était en dehors de la domination ou, suivant l'expression récente, de la sphère d'influence française. Rien dans cette distinction toute naturelle ne justifie cette interprétation aventurée, ni la conclusion plus étrange encore qu'on a prétendu en déduire : qu'aux yeux de La Barre, la Guyane française ne dépassait par le cap d'Orange !

Guyane indienne de La Barre. — En réalité, si ces terres voisines du cap de Nord n'entraient pas dans le cadre de la partie occupée et administrée, elles étaient fréquentées par un commerce auquel les Portugais ne prenaient aucune part, celui de la pêche. Depuis longtemps ces pays sillonnés de « diverses coupures de ruisseaux et de rivières » étaient recherchés pour la traite du lamentin, ou

1. Dans les notes qui accompagnent en marge l'un des manuscrits de G. de l'Isle, on lit ces réflexions : « Ce qui peut avoir empêché le succès des entreprises qui ont été faites pour la conqueste de la Guyane, peut estre la distance des lieux que possèdent les Espagnols... La Guyane est presque entourée par ces deux fleuves, et outre cela est ceinte de montagnes de divers costés. » (*Service hydr. de la marine*, notes et cartes manuscrites de G. de l'Isle, portef. 203, feuille 75, pièce 305.)

2. *Description de la France équinoctiale*, etc. (1666), ch. 1, p. 13-14.

« vache de mer[1] ». Ainsi s'était répandu le nom de la peuplade indienne qui s'adonnait particulièrement à cette pêche, celui des Palicours[2]. Peut-être leur nom avait-il déjà frappé les oreilles de Vincent Pinzon, car il semble bien que ce mot de *Paricuria,* qui retentit dès les plus anciens documents du XVIe siècle, dérive de la même origine. En tout cas, c'était avec eux que nos traitants avaient affaire. D'Anville, dans sa carte de 1729 (n° 12 de l'atlas) a inscrit le long de cette côte ces mots : Palicours, amis des Français. Ces traitants étaient, en effet, surtout des Français, bien qu'il y eût aussi des Anglais et des Hollandais. L'idée qui exprimerait sans doute le mieux la condition véritable de cette contrée par rapport à la colonie française de Guyane est celle que l'analogie conseille de chercher avec nos possessions d'alors dans le nord de l'Amérique. Là aussi, en dehors de la colonie du Canada proprement dit, s'étendaient des territoires de traite qui n'en étaient pas moins une dépendance canadienne.

La frontière dans les cartes françaises antérieures à la guerre de la Succession d'Espagne (1701). — A mesure que la question de limites fut étudiée de plus près entre les Portugais et les Français, on vit sur les cartes des lignes frontières précises se substituer au vague des indications antérieures. Dans la carte de N. Sanson, dont nous avons déjà dit un mot, le Brésil proprement dit s'arrête au Rio Para; mais au Nord de l'Amazone les noms *Apanta prov., Coropa prov.* expriment une organisation politique qu'une ligne frontière sépare nettement de la Guyane[3]. Cette ligne atteint la rive gauche de l'Amazone au *Roohoeck*, un peu au nord de l'Équateur. C'est bien, en réalité, la même délimitation que celle qui est implicitement indiquée dès 1640 par Teixeira. Cependant elle n'aboutit pas exactement sous la ligne, contrairement à ce que déclare

1. La Barre, *ouvr. cité*, p. 14. Après avoir dit que « depuis l'embouchure de l'Amazone jusqu'au Cap de Nord, la Guyane indienne est presque inconnue des Français », il ajoute : mais depuis le Cap du Nord jusqu'au Cap d'Orange, « quoique le païs soit de même nature, ... l'on ne laisse pas d'avoir une plus grande connaissance de ces terres, parce que les barques françaises, anglaises et hollandaises y vont souvent traiter du lamentin ou vache de mer ».

2. Id., *ib.*, p. 35 : « Les Palicours, qui occupent partie de la rivière d'Arikary, celles de Marikary, Vuinamary et Cassipoure, est une nation assez nombreuse, vivant bien avec tous les étrangers que la traite du lamentin attire chez eux, et dont ces peuples font la pesche dans leurs rivières et marais. »

3. N° 14 de l'Atlas.

expressément, en 1666, La Barre dans sa *France équinoxiale*. Lorsque sur les informations de M. de Férolles le gouvernement français se décida à agir énergiquement contre les empiétements des Portugais, l'un des sujets de discorde fut la construction par ceux-ci d'un fort situé au nord de la rivière de Macapa et de la ligne équatoriale[1]. Au moment où la question était à l'état aigu, Guillaume de l'Isle travaillait à une carte générale de l'Amérique du Sud, qui parut en 1700[2]. Interprète des revendications françaises de cette date, il eut soin de tracer, entre le pays des Amazones et la Guyane ou Nouvelle-Andalousie, une frontière qui, cette fois, ne s'écarte pas de l'Équateur. Dans la carte de 1703, il revient à la limite tracée en 1656 par N. Sanson.

Ainsi se dessinait, à la veille des négociations qui allaient accompagner la guerre de la Succession d'Espagne, la position territoriale des deux parties. Une ligne vacillant autour de l'Équateur en était l'expression graphique. A défaut d'une ligne on voyait, aussi bien dans Teixeira en 1640 que dans Roggeveen en 1675, ou Van Keulen en 1695, les noms de provinces portugaises s'arrêter aux environs de l'Équateur.

1. Il existe au Dépôt du Service hydrographique de la marine deux exemplaires, l'une à l'échelle de 15 lieues, l'autre à l'échelle de 20 lieues, d'une carte manuscrite du gouvernement de Cayenne qu'envoya le gouverneur, M. de Férolles, le 29 janvier 1696 (Portef. 163, pièce 2-1). C'est la carte qu'on peut trouver reproduite, à une échelle il est vrai très minime, à la suite de la relation de Froger (*Relation d'un voyage fait en 1695, 1696 et 1697 aux costes d'Afrique, détroit de Magellan, Brézil, Cayenne et îles Antilles, par une escadre de vaisseaux du Roy commandée par M. de Gennes*, Paris, 1699). — Les forts portugais y sont dessinés, ainsi que le tronçon de route que Férolles fit construire à travers les forêts de l'intérieur, pour les atteindre (mai 1697). Deux de ces forts sont marqués sur les deux rives du Parou, non loin de l'embouchure. L'autre, qui est celui dont la construction, en 1688, par Antonio d'Albuquerque, gouverneur du Para, avait suscité les réclamations françaises, est figuré un peu au nord de la rivière Makaba (Makapa), avec cette légende : « Fort portugais pris aux Français. »

2. G. de l'Isle, *L'Amérique méridionale, dressée sur les observations de MM. de l'Académie royale des sciences et quelques autres, et sur les mémoires les plus récents*. Paris, 1700. — Cette carte a été reproduite en très grande partie dans l'Atlas de la Commission des États-Unis sur la frontière du Vénézuéla (n° 36).

CHAPITRE XII

CARTES CONTEMPORAINES DE LA GUERRE DE SUCCESSION D'ESPAGNE (1701-1713)

Guillaume de l'Isle. — Sa carte de 1703. — Son importance. — La carte du père Fritz. — Insuffisance de ses renseignements sur la Guyane.

Cartes de de l'Isle. — Il convient ici d'attirer l'attention sur la liaison chronologique qui existe entre les traités passés avec le Portugal et les cartes publiées par Guillaume de l'Isle. De l'Isle était alors la principale autorité géographique de l'Europe. Membre de l'Académie des sciences, c'est lui qui centralisait les observations provoquées par ce corps savant dans diverses parties du monde, et qui, par des travaux qui font époque, parvint ainsi à éliminer des erreurs qui défiguraient depuis l'antiquité les contrées qu'on pouvait croire les mieux connues. Sa carte de 1700 coïncide avec le traité provisionnel par lequel la France obtenait la démolition du nouveau fort élevé par les Portugais. Mais ce traité ne résolvait pas la question. Elle fut reprise par de nouvelles négociations entre les deux gouvernements, et qui aboutirent, en juin 1701, à un traité d'alliance, bientôt rompu, il est vrai, par l'accession du Portugal à la coalition contre Louis XIV. C'est dans ces circonstances que le « géographe du Roy » publie en 1703 une nouvelle carte, plus détaillée que la précédente, qui fut certainement consultée dans les négociations d'Utrecht, lorsque, après avoir été ajournées par la guerre, elles furent reprises plus tard[1].

Cette carte de 1703 (n° 20 de l'atlas) est digne de la réputation

1. La correspondance des diplomates portugais prouve que les cartes françaises se trouvaient entre les mains des négociateurs à Utrecht. Le plénipotentiaire Tarouca écrit à son ministre, le comte de Villaverde (à propos du Sacramento), le 8 juillet 1713 : « Et nous prouvons cela avec des cartes faites à Paris, par des géographes du Roi très chrétien, qui ne sauraient passer pour suspects. » (*Académie des Sciences de Lisbonne*, t. III).

de son auteur. C'est une combinaison habile de tous les renseignements dont on disposait alors sur cette partie de l'Amérique du Sud. Il a mis à profit les explorations poussées jusqu'à plus de 80 lieues des côtes par les Pères Grillet et Béchamel[1], et pour la première fois fait luire un peu de lumière sur l'intérieur de la contrée. L'Approuague cesse d'être l'émissaire d'un lac; le Camopi, affluent de l'Oyapok, est reconnu; les sites des tribus sont fixés avec quelque précision. Le lac légendaire, qui avec sa ville de Manoa d'Eldorado encombrait de son immense surface les cartes de Blaeu et de Sanson, a disparu et n'est rappelé que pour mémoire par une légende qui témoigne assez du scepticisme critique de l'auteur. On constate, il est vrai, sur l'archipel de l'embouchure des Amazones, des erreurs de position et de configuration, que déjà peut-être certains croquis envoyés de Cayenne[2] auraient pu en partie redresser, mais sur lesquelles la lumière ne devait être pleinement faite qu'en 1744, par La Condamine. En somme, par l'abondance des renseignements comme par le discernement avec lequel ils sont mis en œuvre, cette carte marque un progrès sur les documents qui l'ont précédée.

On retrouve, dans cette carte de De l'Isle, le nom de Vincent Pinzon. Une baie de ce nom y figure à l'ouest du cap de Nord, à la même position et à la même distance de ce point que dans les cartes portugaises contemporaines.

Ce nom avait cessé, pour des raisons que nous avons dites, de figurer dans la plupart des cartes hollandaises et françaises du XVIIe siècle. Mais il n'avait pas cessé cependant d'être en usage en Portugal, en Espagne et en Italie[3]. Les géographes et les auteurs les plus autorisés du Portugal, Estacio de Silveira, dans

1. En 1674, deux missionnaires jésuites, les Pères Grillet et Béchamel, remontèrent l'Oyak, s'avancèrent jusque dans la région des sources de l'Oyapok et revinrent par l'Approuague.

2. Un croquis manuscrit, conservé au Dépôt du Service hydrographique de la marine (Portef. 163, divis. 4, pièce 6) représente « l'embouchure de la rivière des Amazones et partie de la Coste de Guyane », à l'échelle de 10 lieues. Le manuscrit est rogné au milieu; il n'est pas daté, mais au verso on lit cette simple indication, « Depuis M. de Gènes ». — On y voit les îles *Kavienna* (sic) et *Massiana* (sic), et entre celle-ci et une grande île où l'on trouve le nom de Saint-Jouan, figure une sorte de chenal appelé *Yapok*, que d'Anville a transcrit, sous la forme *Oyapoco*, dans sa carte de 1748 (n° 25 de l'Atlas).

3. Outre les cartes déjà signalées de l'*Arcano del Mare*, on peut citer une mappemonde dressée à Bassano, en 1657, par Giuseppe Rosaccio, et intitulée *Universale descritione di tutto il mondo*, qu'on peut voir au Musée maritime de Rotterdam.

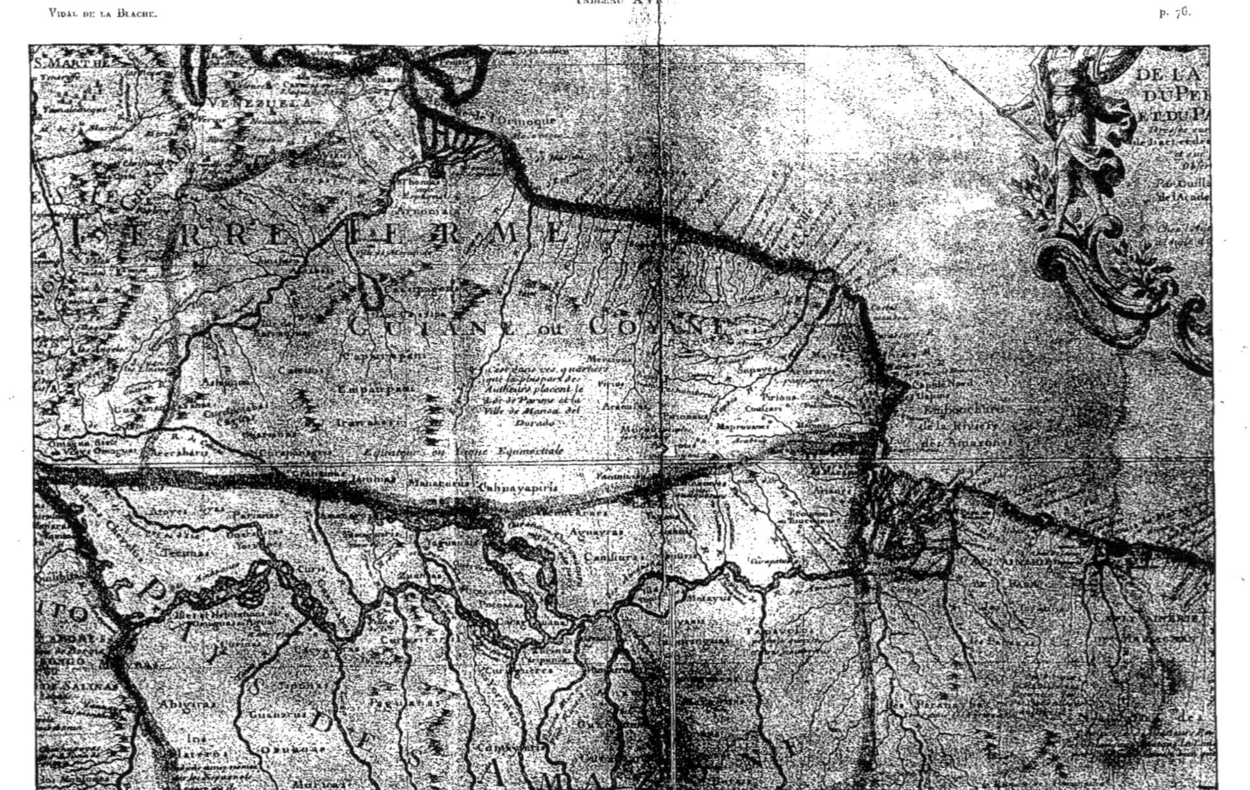

Réduction extraite de la *Carte de la Terre Ferme, du Pérou, du Brésil et du Pays des Amazones*... par Guillaume de l'Isle, 1703. (Cette carte fait partie d'un atlas de G. de l'Isle qui se trouve au Dépôt géographique du Ministère des Affaires Étrangères.)

sa *Relation sommaire des choses du Maranhão*, Teixeira de Moraes, dans sa *Relation historique et politique*, continuent à mentionner la rivière de Vincent Pinzon[1]. Il se retrouve également dans la carte portugaise, citée plus haut, qui a été reproduite dans l'Atlas (n° 16) d'après l'original conservé dans la Bibliothèque du roi de Portugal en son palais de Ajuda, et qui est une édition remaniée et enrichie de la carte Teixeira en 1640.

La carte que publiait Guillaume de l'Isle en 1703 montre quel était, sur cette même question et vers la même époque, l'avis des Français. On ne peut pas supposer que la place qu'attribuait à la baie de Vincent Pinzon Guillaume de l'Isle, dans une carte à laquelle son nom donnait un caractère presque officiel, fût différente de celle que lui attribuaient les négociateurs français.

Il est possible, grâce aux notes manuscrites de De l'Isle, de suivre sur ce point le travail personnel qui l'a guidé. On y trouve la preuve qu'il s'est reporté aux relations mêmes de Walter Ralegh et de Keymis. Sur un croquis qu'il intitule « Route du premier voyage de Gualter Ralegh en Guiane, l'an 1596 », il a reproduit, en regard du réseau fluvial tracé d'après Keymis, l'observation significative que nous avons déjà signalée : « Iwaripoco, très grande rivière; on dit que c'est en ce lieu que Vincent Pinzon trouva son émeraude[2]. » Ainsi il est remonté aux sources de la cartographie nouvelle de la Guyane. Est-il remonté plus haut? Cela n'apparaît pas sur sa carte. Le tracé qu'il a adopté est celui que nous avons déjà pu observer, soit dans la carte de De Laet, soit surtout dans les cartes marines de Roggeveen et de Van Keulen[3]. Le cap de Nord fait partie d'une île séparée du continent par ce chenal, qui, on l'a vu, avait été soigneusement relevé pour les besoins de la navigation. A son extrémité méridionale, ce chenal porte le nom d'*Arrewary rivière*; à l'autre, celui de *Baie de Vincent Pinzon*. Rien d'arbitraire dans cette attribution;

Le rio de Vincente Pinzon y est placé comme dans les anciennes cartes de Mercator; une légende de plusieurs lignes rappelle le voyage du découvreur.

1. Simaõ Estacio de Silveira : *Relação sumaria das cousas do Maranhão* (Lisbonne, 1624, ch. 1). — Francisco Teixeira de Moraes : *Relação historica e politica*, etc. ; manuscrit daté de 1692 et publié dans le tome XI (1877), 1re partie, de la *Revista trimensal* (p. 69 et suiv.).

2. Dépôt du Service hydrographique de la marine, portefeuille 203, feuille 75, pièce 305.

3. Roggeveen, *Brandende veen*, etc. (P. Gooz, 1675) ; carte reproduite sous le n° 15, dans l'atlas. — Van Keulen, 1695, n° 18 et 18 *bis* de l'atlas. — Voir plus haut, p. 59.

c'était un retour à l'opinion de ceux qui avaient pu contrôler sur les lieux mêmes les anciennes cartes espagnoles.

Cette carte de 1703 se range à sa place dans le progrès des connaissances ; elle est dans la tradition scientifique. Elle répond à ce qu'on pouvait attendre, à cette date, sur ces contrées. Les contemporains ne s'y trompèrent pas ; car elle fut reproduite par Mortier, héritier de l'ancien établissement cartographique de Blaeu à Amsterdam, et par J.-B. Homann, à Nuremberg.

Carte du Père Fritz. — On n'en saurait dire autant d'une autre carte dont on a parfois invoqué le témoignage, celle que publia le Père Samuel Fritz, jésuite originaire de Bohême. L'activité de ce religieux s'était exercée parmi les tribus indiennes du Haut-Maragnon ; il passait pour « l'apôtre des Omaguas »[1]. Très informé sur le cours supérieur du fleuve, il l'était bien moins sur la partie inférieure ; cependant en 1689 il le descendit entièrement jusqu'à Para. Malade à la fin de son voyage[2], il fut, par surcroît d'infortune, arrêté comme espion par les Portugais et détenu pendant deux ans à Para et seulement alors reconduit sous escorte militaire au centre de sa mission.

Il avait dressé dès 1690 une carte du cours du Maragnon, qui resta manuscrite jusqu'en 1707. Elle fut alors gravée à Quito ; mais ce fut seulement dix ans après qu'elle fut connue en Europe par la publication d'une copie abrégée, insérée au tome XIIe des *Lettres édifiantes*. Nous avons tenu à reproduire dans l'atlas cette copie, malgré les négligences qu'on y relève et à la mettre en regard de l'original. Nous possédons, en effet, une transcription du manuscrit original faite par La Condamine sur le travail du Père Fritz déposé dans les archives du collège de Quito[3].

La carte de Fritz a une importance incontestable pour la partie supérieure du fleuve, comme on en peut juger d'après le tracé comparatif de la carte qui accompagne la relation de La Condamine[4].

1. Sur le P. Fritz, voir d'Avezac (*Bull. Soc. géogr. de Paris*, 1857, 2e semestre, p. 225) ; C. Markham (*Expeditions into the valley of the Amazonas*. Hakluyt Society, t. XXIV, 1859, introd., p. 33).

2. La Condamine, *Relation abrégée d'un voyage fait dans l'intérieur de l'Amérique méridionale*. Paris, 1745, p. 14.

3. La Condamine, *ouvr. cité, ib.* — Cet intéressant document, aujourd'hui à la Bibliothèque nationale, est reproduit dans l'atlas (n° 17). Il en existe une copie au dépôt des archives du Ministère des affaires étrangères.

4. *Carte du cours du Maragnon ou de la grande rivière des Amazones*, etc.

Mais il n'en est pas de même pour le cours inférieur et surtout pour la côte de Guyane. Pour cette partie on peut affirmer que non seulement le dessin ne s'appuie sur aucune observation personnelle, mais qu'il a été emprunté à des cartes très surannées déjà à cette date.

La côte de Guyane y est figurée comme elle l'était à la fin du XVIe siècle dans les cartes de Wytfliet [1], avant les reconnaissances précises des Anglais, Hollandais et Français. Elle fuit, à partir du cap de Nord, dans une direction ouest-nord-ouest jusqu'à Cayenne, laissant entre ces deux points une différence de quatre degrés du méridien [2]. On y cherche en vain le cap d'Orange, ce point de repère que la navigation du XVIIe siècle s'était attachée à déterminer avec soin et qui figurait depuis lors sur toutes les cartes, marines ou ordinaires. Si l'on se réfère, comme on le doit en bonne critique, au manuscrit original, on voit que Cayenne se trouve par 4 degrés de latitude Nord, quand depuis 1625 elle figurait à peu près à sa position vraie sur les cartes [3]. Nous ne parlerons pas de l'intérieur où, à défaut d'indications positives et vraies, brillent le lac Parime, le lac de l'Approuague, fantômes que la critique de De l'Isle avait déjà su éliminer. On ne peut donc faire cas de ce document pour la partie qui nous occupe. Sur la place même du mot *Rio de Vicente Pinçon,* il semble qu'il y ait eu de l'hésitation. L'attribution paraît différente dans la copie et dans le texte original. Celui-ci le place à l'embouchure d'une rivière située entre l'Aperuaque et le Rio Maripanari (?), au-dessous du troisième degré de latitude. La carte des *Lettres édifiantes* le met en face de l'embouchure de l'Approuague.

La date de la publication de la carte de Fritz en Europe (1717) s'oppose à ce qu'elle ait pu figurer comme document dans les négociations de 1713. Mais en dehors de cette raison péremptoire, il y a une question de critique. Ce serait se mettre en contradiction avec l'histoire des connaissances géographiques, que d'opposer, pour la Guyane, le témoignage de la carte de Fritz ou toute autre semblable à celle de G. de l'Isle avait publiée en 1703.

— La Condamine nous apprend dans sa préface que cette carte a été rédigée avec le secours de d'Anville. On l'a reproduite dans l'Atlas (nº 23).

1. *Augmentum descriptionis ptolemaïcæ* (Louvain, 1597). — Voir plus haut, p. 46. — Nordenskiœld (*Fac-simile atlas*) a reproduit ces cartes de Wytfliet.

2. La différence est en réalité de deux degrés un tiers.

3. Latitude de Cayenne : 4°56' N. — C'est, à dix minutes près, la latitude qu'indiquent déjà les cartes de De Laet.

CHAPITRE XIII

LE JAPOC DU TRAITÉ D'UTRECHT

Ce n'est que dans les actes passés avec les Français que ce nom est employé comme synonyme de rivière de Vincent Pinzon. — La relation de Jean Mocquet. — Le pays de Yapoco. — Sa position près de l'Amazone. — Emploi du nom de Japoc ou Oyapoc par les Français. — Carte de Jean Guérard (1625). — Enquête de Ferrolles au sujet du mot « Hyapoc » (1699).

On a, dès le début de ce mémoire, signalé cette particularité significative, que les noms de Japoc ou Oyapoc ne sont jamais produits, dans les actes passés avec d'autres que les Français, comme synonymes de Rivière de Vincent Pinzon. Si ce nom avait effectivement correspondu à la grande rivière du cap d'Orange, on s'expliquerait d'autant moins ce silence qu'il était infiniment plus familier aux Anglais, Hollandais et Allemands, que la forme déjà passablement archaïque de Vincent Pinzon. Quelle nécessité de choisir invariablement entre deux vocables le moins connu? C'était comme si plus tard on s'était obstiné à taire le nom de Mississipi pour parler d'un fleuve Saint-Louis.

C'est avec les Français exclusivement que ce synonyme de Japoc, ou d'Oyapoc[1], est employé, non d'ailleurs sans intermittence. C'est seulement pour eux que la Rivière de Vincent Pinzon a un double nom. Si cette distinction ne résultait pas suffisamment des textes officiels, on en verrait encore la preuve dans les expressions employées par l'auteur des Annales du Maranhaô, Pereira de Berredo. Décrivant les frontières de l'Amérique portugaise, il dit qu'elle se termine au « rio de Vicente Pinçon, que les Français

1. Le mot *Oyapoc* est employé comme synonyme de Rivière de Vincent Pinzon dans le texte du traité provisionnel de 1700 entre la France et le Portugal. L'art. 8 du traité d'Utrecht dit *Japoc*, Berredo dit *Wiapoc*. — D'autre part, quand il s'agit du fleuve du Cap d'Orange, on trouve chez les cartographes français ces formes employées à peu près indifféremment : Wiapoco (Sanson), Yapoco (De l'Isle); d'Anville emploie Yapok pour le cours supérieur, Oyapok pour l'embouchure.

appellent Wiapoc, à un degré trente minutes au nord de l'Équateur »[1]. Ce mot de Wiapoc arrive ainsi accessoirement, comme une variante que, seuls, les Français connaissent. Est-ce en ces termes qu'on eût parlé du fleuve universellement connu du cap d'Orange?

La pensée que suggèrent assez naturellement ces anomalies est que le mot en question pourrait bien n'être pas un simple nom propre, mais avoir un sens général qui expliquerait sa présence sur des points différents dans l'étendue d'un même domaine linguistique. Les exemples ne manquent pas, en effet, de noms dans lesquels figurent sous des formes à peu près semblables, soit la première, soit la dernière partie du mot, soit les deux ensemble.

On nous saura gré de les grouper :

1° Il existe un premier groupe de noms de ce genre entre Cayenne et le cap d'Orange :

Rivière *Wya* (Keymis, Sanson), *Uvia* (De l'Isle), *Wia* ou *Oyac* (d'Anville, 1745), aujourd'hui *Oyac*.

Rivière *Wyapoco* (Keymis, Sanson), *Yapoco* (De l'Isle), *Yapok* ou *Oyapok* (d'Anville), aujourd'hui *Oyapoc*; *Guayapoco* (Roteiro attribué à Amaral).

2° Un autre groupe se localise entre le Carsevenne et le cap de Nord : *Jaos* (Keymis), *Jaÿ* (Dudley), *Jay* (Sanson), nom de peuple.

La terminaison *poco, pogo, puca* s'applique à des noms de rivières ou baies : *Iwaripoco* (Keymis, Sanson), *Waripogo* (Dudley), *Iparapepuca* ou mieux *Iguarapepuca* (Roteiro, § 5). — Les deux éléments semblent accouplés dans le nom de l'*île de Japoca* que Joachim de Abreu, dans son journal de route, place entre l'île de Tururi et la grande île de Maraca[2]. C'est cette même île qui porte le nom de *Jipioca* dans la carte hydrographique de Da Costa Azevedo[3].

1. *Annaës historicos do estado do Maranhao* (éd. de Maranhão, 1849), p. 6. — Ce passage est doublement intéressant. Nous aurons à revenir plus loin sur le renseignement de latitude qu'il fournit.

2. Journal de route (Diario Roteiro) de la mission dont fut chargé, en 1791, Manoel Joaquim de Abreu, adjudant de la place de Macapa, par ordre du gouverneur et capitaine-général de l'État (*Revista trimensal*, t. XI, p. 366 sq.). « ... En face du second bras de rivière (*furo*) de l'anse (*enseada*) en venant du Rio Sucuruju se trouve l'île du Turury, en face du troisième, l'île Japioca, et en face du quatrième, qui est très long et se termine à l'embouchure du Rio Carapaporis, commence la grande île de Maraca-assú... »

3. Cette carte fait partie d'un atlas hydrographique dressé de 1862 à 1864. Elle a été reproduite au n° 35 de l'atlas.

3° Des noms semblables se trouvent aux abords de l'île Marajo. D'Anville (1748) indique un *Oyapoco,* sorte de rivière ou chenal. Une carte portugaise du gouvernement de Para, dressée en 1799, et dont une copie, envoyée par le voyageur de Castelnau, se trouve aux Archives des Affaires étrangères, porte, dans cette même île, un *Goïapuco.*

Nous n'avons pas à rechercher ici la signification que peuvent avoir ces radicaux dans les dialectes indigènes. Mais il est une recherche qui relève de la géographie, c'est de s'enquérir s'il existe la trace d'un nom de lieu semblable, connu des Français au XVIIe siècle, dans les parages mêmes où l'ensemble des témoignages recueillis fixe la Rivière de Vincent Pinzon.

La relation de Jean Mocquet. — Parmi les relations de voyageurs français que nous possédons sur ces contrées, il n'en est pas de plus instructive que celle de Jean Mocquet. Ce personnage, qui devint plus tard « Garde du cabinet des singularités du Roy aux Tuilleries » avait un esprit curieux et précis. « Sachant, dit-il, que le sieur de la Ravardière estoit prest à s'en aller aux Indes occidentales, il me prit une envie merveilleuse de voir ces pays-là. » Il s'embarqua, en effet, avec lui le 12 janvier 1604; et peu d'années après son retour, en 1616 probablement[1], il publia le récit de son voyage. Ce récit n'a certes pas échappé à l'attention de ceux qui nous ont précédé dans ce sujet; il ne nous semble pas cependant qu'on en ait examiné d'assez près les détails. On voudra bien excuser ce qu'il y a d'un peu minutieux dans l'analyse que nous allons en faire, en laissant autant que possible la parole à l'auteur.

Cette partie de la relation est rédigée comme un véritable livre de bord. Je me contente d'en dégager, pour les transcrire en marge, les indications de jours et d'heures[2] :

Dimanche 8 *avril* 1604. — « Nous arrivasmes à l'embouchure de la rivière des Amazones le jour de Pâques fleuries... Là sont de grands flux et reflux, par les marées qui courent d'une étrange vitesse et avec un merveilleux bruit, emportant avec soi force arbres et plantes qu'elles déracinent le long des côtes. L'eau de la mer y est comme de couleur tanée...»

1. *Voyages en Afrique, Asie, Indes orientales et occidentales,* etc. Paris, 1re édition en 1616. Nous n'avons trouvé à la Bibliothèque nationale qu'une deuxième édition, datée de 1617.

2. *Ouvr. cité,* l. II, p. 77 et suiv.; p. 105 et suiv.

Lundi matin 9 *avril* (avant le jour). — « Nous voyans donc au matin (environ trois heures avant le jour) parmy ces flots grondants et furieux courants, ...ceux qui estoient au quart de garde commencèrent à crier que nous étions perdus. A ce bruit tout le monde se lève pour chercher remède... Nous portions peu de voile en attendant le jour pour voir terre. »

Lundi matin (le jour venu). — « Le lundy nous vismes terre et fort basse; et demeurans vers Ouest-Sur-Ouest, nous allions toujours approchans de la coste pour prendre cognoissance de la terre, mais avec crainte d'eschouer ou demeurer à sec. Car le fond n'est que vase et y touchions à tous coups. »...

Lundi (dans la journée). — « Comme nous estions ainsi errans, le bonheur porta que nous aperçeumes en mer un cannoe où il y avait dix-sept Indiens qui venaient vers nous. » — Entrevue. — « Ils nous dirent qu'ils venoient de la guerre du Cap de Caypour, l'un des caps près de la rivière des Amazones[1]. »

Lundi soir. — « Après qu'il (le capitaine de ces Indiens) nous eust discouru du pays, et où nous avions à ancrer, il nous laissa pour guide deux Indiens qui nous conduisirent à la terre de *Yapoco,* en l'embouchure de la rivière ou fort près, et nous firent mettre notre navire à un recoin à l'abri des courants; de sorte que, lorsque les marées se retiroient, il demeuroit tout couché sur la vase ; mais, la marée revenant, il se relevoit. »

Mardi matin 10 *avril*. — « Puis, le mardy au matin, 10 d'avril, voulant sçavoir ce que nous pourrions profiter en cette terre, nous descendîmes. »

Résumons, avant de poursuivre ces extraits, les renseignements qui résultent de cette journée bien remplie :

Il est possible que l'endroit où les Français rencontrèrent le prororoca, l'eau vaseuse et douce, ne fût pas le chenal même de l'Amazone, puisque ces phénomènes règnent au delà de l'embouchure proprement dite jusqu'au canal de Carapapori[2]. Mais

1. Ce n'est donc probablement pas le cap Cachipour. La carte nautique de Roggeveen (n° 15) montre, dans le voisinage de l'Amazone, au débouché septentrional de l'Araguary, un rio *Cayputrogh* débouchant au Sud d'une langue de terre dont la position répond bien au cap Caypour de Mocquet. Cette rivière, ainsi qu'une rivière *Caypura*, sa voisine, figurent dans les deux cartes de la Guyane dessinées par d'Anville, en 1729 et en 1745 (n°s 22 et 24 de l'atlas).

2. Tardy de Montravel, *Instructions pour naviguer sur la côte septentrionale du Brésil et dans le fleuve des Amazones* (Annales maritimes et coloniales. Paris, impr. royale, 1847), p. 47. — Id., *Instructions nautiques pour naviguer*

sûrement ils étaient dans le voisinage immédiat du fleuve. Les violents courants, la côte basse vers laquelle on avance ouest-sud-ouest, et jusqu'à cette circonstance de la rencontre d'Indiens venant du Caypurogh, tout ce signalement semble bien se rapporter au canal de Tourlouri. Enfin ce mouillage qui découvre à marée basse, et que l'on atteint avant la fin de la journée sans qu'il soit dit qu'on ait changé de direction, ressemble fort à l'un de ceux qu'abrite la côte occidentale de l'île Maraca [1].

Le pays de Yapoco. — Quoi qu'il en soit, le navire qui se trouvait le matin vers l'embouchure, sinon à l'embouchure de l'Amazone, mouillait, le soir même, dans le pays de *Yapoco*.

Jean Mocquet s'est d'ailleurs préoccupé de préciser la position du pays où il se trouvait. « Arrivans en cette terre d'Yapoco, nous laissions la rivière des Amazones à main gauche, au delà de laquelle vers le midy est le grand pays du Brésil, et deçà vers le Nord sont les Caripous et les Caribes. » Telle est en effet la position de l'Amazone par rapport à la côte située au fond du canal de Tourlouri. « Ce pays de Yapoco, dit-il plus loin, est à plus de 120 lieues du pays des Topinambous qui est vers la rivière de Maragnon au Brésil [2]. » Enfin, à plusieurs reprises, il insiste sur le voisinage de l'Amazone [3].

Notre voyageur passe cinq jours dans ce pays de Yapoco, qui a pour roi Anacaioury [4]. Il en repart le 15 avril :

sur les côtes de Guyane (Annales hydrographiques, 1851. Paris, P. Dupont), p. 6.

1. « Les seuls mouillages bien abrités du Pororoca, dit le commandant Mouchez (Légende de la carte, éd. de 1868), pour des navires d'un tirant d'eau supérieur à 4 mètres, sont : 1° la côte Ouest de l'île Maraca, près de la crique Calebasse ou de la crique de Cidad, très près de terre ; 2° à l'Ouest et près de la pointe Nord de l'île Baïlique. »

2. Entre la baie de Maranhão et le cap de Nord, il y a l'intervalle de 4 degrés de latitude ; entre la même baie et l'Oyapok du cap d'Orange, il y a plus de 6 degrés. La lieue française étant de 25 au degrés, la distance estimée par Jean Mocquet ne peut s'appliquer qu'à la première hypothèse.

3. « Mais puisque nous sommes encore près de la rivière des Amazones, etc... »

4. Ce nom fournit un argument de plus ; c'était le titre héréditaire que portait le chef de la tribu des *Yaos* ou Yaï. Le témoignage de Robert Harcourt, qui visita la Guyane en 1608, confirme celui de Mocquet. « Anakiary, dit-il, est le chef qui commande le pays situé entre l'Arrawary et le Cassiporough » (Extrait cité par De Laet, l. XVII, ch. 6, p. 655, éd. lat.). Sur la carte de Sanson, le nom d'Anakiary s'intercale au-dessus et au-dessous des Yaïs. La Barre (*Descr. de la France*

Dimanche 15 *avril* 1604. — « Nous en sortismes le jour de Pasques, 15 avril de l'an 1604, portans le long de la coste. ...Nous courusmes le long de la coste qui est fort belle et remplie d'une infinité d'arbres verts. »

Mercredi 18 *avril*. — « Nous équipasmes notre bateau pour recognoistre le fond de la rivière de Cayenne. »

Cette partie de l'itinéraire est comme la contre-épreuve de la précédente. Ils avaient mis quelques heures pour aller de l'embouchure de l'Amazone au pays de Yapoco : ils mirent deux jours et peut-être trois pour se rendre de Yapoco à Cayenne. Or, du cap d'Orange ou de l'Oyapok à Cayenne la traversée, favorisée par les courants, exige quelques heures. Deux conclusions découlent donc de ce récit : l'une négative sur l'identité entre l'Oyapok du cap d'Orange et le pays décrit par Jean Mocquet ; l'autre démontrant l'existence d'un pays de Yapoco dans le voisinage de l'embouchure du Carapapori : là se trouve une côte qui ménage aux navires en détresse dans le canal de Tourlouri l'abri de l'île Maraca.

Emploi du nom Yapoc par les Français. — Chez les Français aventureux qui allaient se livrer à la pêche ou au commerce dans ces régions encore inaccessibles à la colonisation officielle, il est bien certain que le nom d'Yapoco, Yapoc, Japoc ou Wiapoc, qu'ils tenaient de leurs rapports avec les indigènes, était plus familier que le nom savant et historique de Vincent Pinzon. Il y avait dans ces confins indigènes un certain nombre de traitants nomades, analogues à ceux que les Hollandais de Surinam appelaient des « Swervers[1] », en grande partie recrutés de Français ou de créoles des Antilles. C'est à ces pionniers que les Portugais de Para avaient affaire, depuis qu'ils affichaient la prétention de s'établir jusqu'aux abords septentrionaux de l'embouchure de l'Amazone[2]. Ils prirent sans doute par eux connaissance de ce

équinoctiale, p. 16) assure avoir « parlé plusieurs fois à un Anacaïoury, petit-fils d'un Anacaïoury que Jean Mocquet dit avoir vu en 1604. »

1. Ces *swervers* étaient des coureurs d'aventures, parmi lesquels beaucoup de Français des Antilles, qui se lançaient dans les forêts de l'intérieur de la colonie de Surinam, pour trafiquer avec les indigènes (*U. S. Commission on boundary between Venezuela and Brit. Guyana*, t. I, Historical, p. 209).

2. Froger, *Relation d'un voyage fait en* 1695, 1696 *et* 1697 *aux Costes*

nom, dont l'habileté de leur diplomatie sut faire un merveilleux instrument d'équivoque.

Il ne semble pas que ce nom, lorsqu'il fut pour la première fois prononcé dans les négociations, ait présenté une idée nette aux autorités de Cayenne. Si elles consultèrent les cartes alors en usage, elles n'en trouvèrent pas mention. Connu seulement de ceux qui par tradition allaient « troquer » dans ces parages, ce nom n'avait pas obtenu droit de cité dans la cartographie officielle.

Carte de Jean Guérard. — Il n'est pas sûr, toutefois, qu'il eût entièrement passé inaperçu des cartographes. Nous avons conservé un trop petit nombre de cartes françaises du commencement du XVIIe siècle ; et c'est grand dommage. Si nous possédions les belles cartes que Jean Guérard, hydrographe de Sa Majesté, exécutait à Dieppe entre 1620 et 1640[1], nous serions mieux renseignés sur les noms qui étaient alors en usage parmi nos navigateurs normands et bretons qui fréquentaient ces parages. Nicolas Sanson et son école eurent le tort de répudier trop généralement, dans leurs cartes inspirées des sources hollandaises, les indications qu'on aurait pu tirer des modèles originaux faits dans nos ports de France. Nous n'avons pu trouver, dans des recherches au dépôt du Service hydrographique de la Marine, que peu de vestiges de ces anciennes sources d'informations. Il existe, de la main de Jean Guérard, de Dieppe, datée de l'an 1625, une belle mappemonde manuscrite sur parchemin, dressée suivant la projection de Mercator, et richement enluminée. Elle est malheureusement à trop petite échelle[2]. Pourtant, on y lit distinctement le

d'Afrique, détroit de Magellan, Brésil, Cayenne, etc. Paris, 1699. » Il se faisait, dit-il (p. 159) un beau commerce d'esclaves, de poissons secs et de amacs avec les Indiens de la rivière des Amazones ; ce commerce enrichissait beaucoup la colonie ; mais les Portugais, qui depuis quelques années s'y veulent établir, font cruellement massacrer ceux qui auparavant y alloient en toute sécurité. »

1. Le Père Georges Fournier (*Hydrographie*, Paris, 1667) cite les cartes de « feu M. Guérard, Dieppois, hydrographe de S. M. », comme « les plus belles et les plus justes qui se soient vues en ce siècle ».

2. Cette carte, dressée suivant la projection de Mercator, et intitulée : *Nouvelle description hydrographique de tout le monde*, est inscrite portef. 1, pièce n° 2. On a essayé d'en donner une reproduction photographique dans l'atlas (n° 9). Il existe, au même Dépôt du Service hydrographique, une autre mappemonde de Jean Guérard, datée de Dieppe, 1634, à plus grande échelle et en quatre feuilles. Mais la feuille qui contenait la partie de l'Amérique du Sud, qui intéresse notre sujet, manque ; le catalogue constate son absence. Cette lacune est très regrettable.

mot *Vapogue* ou *Yapogue,* dans une position telle par rapport au cap de Nord, qui est nommé, et au rio ou cap de la Conde, nom français du cap d'Orange, qu'il semble naturel de le rapprocher de ce pays d'Yapoco dont la relation de Jean Mocquet nous permet de fixer le site.

En 1699, le gouverneur de Cayenne, Ferrolles s'enquit auprès des habitants au sujet de ce nom qui venait de prendre, dans les négociations en cours, une importance inattendue. Il recueillit ainsi une déclaration des principaux et plus anciens habitants de Cayenne, affirmant que « de temps immémorial et par tradition continuelle ils savaient par eux et leurs auteurs qu'il y avait, dans le milieu des embouchures de l'Amazone, une île beaucoup plus grande que celle de Cayenne, que les Portugais, les Indiens Arouas habitants de cette île, les Français... avaient toujours nommée Hyapoc; où tous les Indiens de Cayenne avaient perpétuellement avec les naturels Indiens dudit Hyapoc traité et trafiqué... »

On a prétendu faire bon marché de ces allégations, sous prétexte qu'elles se rapporteraient à la grande île Marajo, qu'il eût été ridicule, a-t-on dit, de comparer à celle de Cayenne. C'est traduire inexactement cette expression, « au milieu des embouchures de l'Amazone ». Les renseignements fournis par ces anciens habitants méritent considération. Les embouchures de l'Amazone, même dans l'usage actuel des géographes, à plus forte raison pour les Français de Guyane au XVIIe siècle, sont comprises entre la rive septentrionale et le cap Magoari. L'île Marajo n'est donc pas située au milieu. En réalité, l'île dont ils parlaient est celle de Caviana, peut-être Mexiana[1], et non Marajo. Il serait même possible que, sous ce nom, eux ou leurs prédécesseurs eussent entendu l'île que formaient les deux bras de l'Araguary séparant le Cap de Nord du continent. Toutes les cartes marines du XVIIe siècle que nous avons pu consulter, Dudley, Roggeveen, Van Keulen, et à leur suite les Blaeu, les Sanson, les De l'Isle et plus tard encore d'Anville

1. Les *Arouas* sont placés par Keymis à l'embouchure de l'Araguary. Dans la carte de De l'Isle en 1703, ils occupent une île dont la position, bien qu'inexacte en latitude, correspond plutôt à Caviana qu'à aucune autre. Ce témoignage est confirmé par celui de La Condamine (*Relation*, etc., p. 189) : « Je passai à la vue de deux grandes isles, ... l'une appelée Machiana, l'autre Caviana, aujourd'hui désertes, anciennement habitées par la nation des *Arouas*, qui, quoique dispersée, a conservé sa langue particulière. »

s'accordent à la retracer. Elle porte, dans les documents de la seconde moitié du siècle, les noms d'île Carpory, de Carpory ou Terre des Ilapins chez d'Anville[1]. Rapprochées des cartes du temps, les déclarations des Cayennais s'expliquent et n'ont rien d'invraisemblable. Elles attestent la présence du nom Yapoc dans les régions voisines du Cap de Nord, près de l'Araguary ou sur l'Araguary même.

1. Roggeveen (nº 15) la nomme *Carpory ou longue île pleine d'arbres* ; Van Keulen (nºs 18 et 18 *bis*), *Carpory* ; de l'Isle (nº 19), *Ile des Ilapins* ; d'Anville (nº 22), *Isle Carpori* ou *Terre des Ilapins*. Il ne faut pas la confondre avec l'île appelée aujourd'hui Maraca, encore à l'état d'embryon au XVIIᵉ siècle.

CHAPITRE XIV

INTERPRÉTATION CONTEMPORAINE DE L'ARTICLE 8 DU TRAITÉ D'UTRECHT

Carte de De l'Isle en 1722. — Bernardo Pereira do Berredo, gouverneur de Maranhão (1718-1722). — Son témoignage. — Expédition de Paez de Amaral. — Le procès-verbal de 1723.

Carte de De l'Isle en 1722. — De même qu'il avait retracé en 1703 l'état territorial des possessions françaises et guyanaises, Guillaume De l'Isle, après le traité d'Utrecht, publia une nouvelle carte politique qui porte le millésime de 1722 et retrace le nouvel état territorial résultant des dernières conventions. Dans cette carte d'Amérique « dressée pour l'usage du Roy », la frontière, cette fois, au lieu de suivre l'Équateur, s'en écarte vers « Comau, autrement dit Macapâ [1] », pour atteindre l'Océan en face du cap de Nord, au point même où la précédente carte de l'auteur avait placé la baie de Vincent Pinzon [2]. La seule comparaison des deux cartes permet de mesurer l'étendue des concessions obtenues, dans l'intervalle, par le Portugal.

Témoignage de Berredo. — L'appréciation la plus juste qui nous soit fournie de ces résultats est celle qu'exprimait un écrivain portugais, contemporain des événements et bien placé pour les juger puisqu'il n'était autre que le gouverneur même de la capitainerie de Maranhâo, dont Para faisait alors partie. Bernardo Pereira de Berredo exerça ces fonctions de 1718 à 1722; remplacé au mois de juillet de cette année, il prolongea d'un an ou deux son séjour afin de compléter les matériaux du travail historique qu'il préparait et qui parut seulement en 1746. Interprète autorisé des

1. Art. 1er du traité du 4 mars 1700.

2. Nos 19 et 21 de l'Atlas. Les limites, dans les deux cartes, sont tracées par des lignes ponctuées, qu'on suit distinctement sous les bandes en gris ou noir qui les couvrent.

sentiments que devait inspirer aux Portugais leur convention avec la France, il les exprime en disant que c'était une « renonciation du Roi très chrétien au droit qu'il réclamait sur la partie septentrionale de la Grande Rivière des Amazones[1] ». La clause de l'article 8, renforcée par les stipulations de l'art. 12[2], lui donnait là-dessus entière satisfaction.

Si ces expressions de Berredo ne paraissaient pas suffisamment précises et définies, elles reçoivent un supplément de clarté d'un passage, plus explicite encore, des mêmes « Annales historiques ». L'auteur indique, au début de son ouvrage, les limites de l'Amérique portugaise : elle s'arrête, dit-il, « au Rio de Vicente Pinçon, que les Français appellent Wiapoc, *à un degré trente minutes au Nord de l'Équateur*. Cette même rivière est signalée aussi comme démarcation des Indes castillanes, par un pilier de marbre qu'ordonna d'élever l'empereur Charles-Quint, etc. ».

Avant d'examiner cette dernière assertion, constatons d'abord que pour l'écrivain autorisé qui parle ainsi, la limite obtenue à Utrecht, celle qui renversait les prétentions de Louis XIV et qui assurait au Portugal la rive septentrionale de l'Amazone, s'arrêtait à 1°30′ de latitude Nord.

Berredo ignorait-il donc ou désavouait-il l'interprétation que ses compatriotes prétendaient tirer du traité ? Cela est improbable si l'interprétation avait été ouverte et déclarée. Son opinion était celle que devaient inspirer à tout Portugais dépourvu d'arrière-pensée les avantages obtenus par son pays.

Expédition de Paes do Amaral. — C'était une habitude essentiellement portugaise que de marquer par un *padrão* les points successifs d'occupation. On se rappelle que la donation de Philippe IV à Bento Maciel stipulait la pose d'un pilier pour marquer les limites

1. Bernardo Pereira de Berredo, *Annães historicos do estado de Maranhão* (Maranhão, 1849), p. 648.

2. Art. 8 du Traité d'Utrecht. — « S. M. très chrétienne se désiste de tous droits et prétentions qu'elle peut ou pourra prétendre sur la propriété des terres appelées du Cap du Nord, et situées entre la rivière des Amazones et celle de Japoc ou de Vincent Pinson... »

Art. 12. — S. M. très chrétienne promet... de ne point consentir que les habitants de Cayenne, ni aucuns autres sujets de Sa dite Majesté, aillent commercer dans les endroits sus-mentionnés (le Maragnon et l'embouchure des Amazones), « et qu'il leur sera absolument défendu de passer la rivière de Vincent Pinson, pour négocier et pour acheter des esclaves dans les terres du cap du Nord ».

le la concession; et la carte publiée en 1640 par le Portugais Teixeira nous a montré ce pilier se dressant à côté de la Rivière le Vincent Pinzon. Ce monument, vieux de moins d'un siècle, emblait reculer de jour en jour vers le passé; car on voit que Berredo l'attribuait à Charles-Quint. Dix ans après le traité l'Utrecht, en 1723, date où Berredo, quoiqu'ayant cessé d'être gouverneur, se trouvait encore à Para, on envoya, dit-il, une expédition commandée par le capitaine d'infanterie João Paes do Amaral pour retrouver ledit pilier. Il revint, d'après lui, après l'avoir reconnu en place.

Il a été plusieurs fois question de cette reconnaissance dans les controverses soulevées de nos jours sur l'article du traité d'Utrecht. Dans les commentaires qu'elle a provoqués, nous avions été plusieurs fois surpris de remarquer que les partisans de la frontière de l'Oyapok n'eussent pas publié le procès-verbal officiel auquel donna lieu cette expédition de 1723[1]. Au lieu de cette pièce, pourtant plus voisine du traité, ils ont reproduit de préférence deux procès-verbaux qui se rapportent à deux expéditions ultérieures, l'une en 1727, l'autre en 1728[2]. Les Portugais poussèrent alors deux pointes audacieuses, soi-disant pour vérifier encore l'existence du fameux padrão, jusqu'à la *Montagne d'argent*, c'est-à-dire jusqu'à la rive gauche de l'embouchure de l'Oyapok.

On connaissait pourtant l'existence du procès-verbal de 1723; mais on s'était contenté d'y faire allusion. Il vient, heureusement, d'être publié ou du moins d'être rendu accessible, grâce à son insertion dans un ouvrage intitulé l'*État de Para*[3], auquel les noms et les fonctions de ses auteurs prêtent un caractère demi-officiel. On ne nous en donne, il est vrai, qu'une traduction française; la pièce, toutefois, est reproduite *in extenso*, depuis le préambule jusqu'aux signatures finales. On trouvera ce texte à la fin de ce mémoire; nous nous bornerons à en résumer ici les principales circonstances.

1. Baëna (*Compendio das eras da provincia do Para*. Para, 1838) se contente d'en parler (p. 208). Il en est de même de M. da Silva (*l'Oyapock et l'Amazone*, t. I, p. 286).

2. Procès-verbal du major Francisco de Mello Palheta, 13 mai 1727. Procès-verbal du commandant Diogo Pinto da Gaïa, 10 juin 1728 (da Silva, *ouvr. cité*, t. II, p. 328-329).

3. *L'État de Para (États-Unis du Brésil)*, ouvrage illustré de photographies des divers monuments de Para, d'un plan et d'une vue de la ville et d'une carte de l'État de Para, Paris, Lahure, 1897, 135 pages de texte.

Le voyage fut fertile en péripéties. Amaral « doubla la Pointe de Macapa que quelques ignorants appelaient cap du Nord, et ensuite il se hasarda à doubler à grand'peine le vrai cap du Nord, ayant risqué grandement sa vie, car à trois ou quatre reprises les chaloupes reçurent beaucoup d'eau et furent près de sombrer sous les grandes lames du mascaret ».

Il résulte de ces expressions que le cap du Nord dont parle Amaral est le premier qui se rencontre au delà de la pointe de Macapa. Il ne saurait donc être question de certain cap du Nord qu'ultérieurement une cartographie mal renseignée a reculé jusqu'à l'extrémité septentrionale de l'île Maracá.

Le capitaine portugais s'avança jusqu'à la rivière Guanani (Counani), croyant se trouver au but. Mais, par une décision peu explicable s'il avait regardé la rivière qu'il cherchait comme plus éloignée vers le Nord, il revint sur ses pas afin de mettre à la raison des Français qui, dit-il, avaient induit les rebelles Arouans à attaquer le village de Moribira, « non loin de notre ville ».

On ajoute, immédiatement après, que « le susdit capitaine atteignit enfin la véritable rivière de Vicente Pinson. Et, ayant cherché à son embouchure et au-dessus de cet endroit les bornes en question, il n'en a pas trouvées, non plus qu'un terrain assez solide pour qu'on eût pu les y établir ; et voyant qu'on apercevait au delà de la rivière quelques élévations de terrain, il fit tous les efforts et mit tout le soin nécessaire pour découvrir les bornes et il eut enfin la bonne fortune de voir son travail et son zèle couronnés de succès... ».

Malgré des traces de confusion, il faut reconnaître que les circonstances de ce récit se localisent, non autour du cap d'Orange et de l'Oyapok, mais autour du cap de Nord et de l'Amazone. Le cap de Nord est assiégé par le pororoca. Il n'est question d'aucun autre cap, tel que celui d'Orange, qu'il eût fallu doubler pour parvenir à l'Oyapok. Les Arouans habitaient des îles à l'embouchure de l'Amazone. Le village de Moribira est situé un peu au nord de la ville de Para[1]. Enfin, il n'y a pas de montagnes à l'embouchure du Vincent Pinzon ; il faut aller les chercher à quelque distance[2], ce qui s'appliquerait encore assez mal à l'Oyapok.

1. Il est marqué sur la carte de l'Amérique méridionale publiée en 1748 par d'Anville (n° 25 de l'atlas).

2. Il paraît utile de rapprocher de ce passage les indications fournies par la carte de Simon Mentelle (Carte de la Guyane française, 1778-1788, n° 34 de l'atlas).

Les termes de cet acte officiel, rapprochés des chiffres par lesuels Berredo définit la position de la nouvelle frontière, prennent ne remarquable signification. Ils nous montrent que la rivière uprès de laquelle les Portugais voulurent retrouver le pilier comnémoratif de la donation de Maciel[1] était bien, comme l'écrivait 'ex-gouverneur de Para, vers 1 degré et demi de latitude Nord. 'était là, d'ailleurs, que la carte de Jean Teixeira leur conseillait le la chercher.

Nous n'ajouterons qu'une réflexion. Quand Amaral opéra cette econnaissance, il n'apparaît pas que cette expédition ait éveillé l'inquiétudes ni de réclamations à Cayenne. Les réclamations se roduisirent au contraire très vives, quatre ans après, lorsque, en 1727, une expédition d'un caractère ouvertement agressif, poussée cette fois jusqu'à la Montagne d'Argent, eût fait éclater aux yeux les Français de Cayenne la prétention portugaise de pousser jusqu'à 'Oyapok, la limite du traité d'Utrecht. C'est alors qu'on s'émut à Cayenne, que M. de Milhau, juge du gouvernement de Cayenne, écrivit un mémoire explicatif des derniers arrangements, qu'une correspondance assez vive s'engagea entre M. de Lamirande, gouverneur intérimaire de Cayenne, et le gouverneur du Para[2], et qu'enfin, en 1731, on se décida à répondre aux agressions portugaises par une expédition armée sous les ordres du chevalier d'Audiffrédy. Si Jean Paës do Amaral s'était avancé jusqu'à l'Oyapok, ce n'est pas en 1729, mais tout de suite, dès 1724, qu'auraient eu lieu les réclamations des Français de Cayenne.

A 10 lieues terrestres (44 kilomètres environ) de l'embouchure du Carapapouri, la rivière Manaye (Fréchal de la carte actuelle), franchit un saut, au pied d'un relief qualifié de « haute montagne », tandis que « de grandes savanes élevées et très pierreuses s'étendent jusque vers les bords de l'Araouary ».

1. Le pilier, d'après la description du procès-verbal, portait d'un côté les armes du Portugal et de l'autre celles de l'Espagne. Mais avait-il été placé par ordre de Charles-Quint ? Prudemment le rédacteur officiel émet un doute : « C'est, dit-il, la borne qui signale la ligne de séparation entre les domaines de Portugal et de Castille, soit qu'elle y ait été placée sous l'empereur Charles-Quint, comme racontent les histoires, soit que la chose ait eu lieu en 1637, sous Philippe, lorsqu'il a fait don de la capitainerie du Nord à Bento Maciel Parente. »

2. Voir sur ces relations l'excellent ouvrage de M. de Saint-Quentin, *Guyane française ; ses limites vers l'Amazone*. Paris, P. Dupont, 1858, p. 28-30).

CHAPITRE XV

LES TÉMOIGNAGES CARTOGRAPHIQUES POSTÉRIEURS AU TRAITÉ D'UTRECHT

Carte de d'Anville en 1729. — Témoignage de La Condamine. — Carte de d'Anville en 1745. — Carte de d'Anville en 1748. — Carte de Mentelle.

Nous nous contenterons de résumer brièvement, dans ces derniers chapitres, les témoignages cartographiques qui, postérieurement au traité d'Utrecht, sont de nature à apporter quelque lumière sur l'interprétation qui fut faite des clauses intéressant la frontière entre la Guyane française et l'Amérique portugaise.

Carte de d'Anville en 1729. — D'Anville, devenu, après la mort de G. de l'Isle (1722), géographe ordinaire du Roi, publia, en septembre 1729, une *Carte de la Guïane françaisе ou du gouvernement de Caïenne depuis le Cap de Nord jusqu'à la rivière de Maroni inclusivement*[1]. Ce titre et le champ de carte ne laissent aucun doute sur l'étendue attribuée au gouvernement de Cayenne. Il n'y a pas cependant de limite tracée. Le Cap de Nord est placé par 1°50′ environ de latitude Nord ; le nom de Baye de Vincent Pinçon est situé de façon à désigner l'abri le plus rapproché possible immédiatement à l'Ouest de ce cap. L'auteur s'est visiblement inspiré, pour cette attribution, de la carte marine de Van Keulen, déjà citée[2], qui indique par 1°55′ environ, c'est-à-dire dans une position correspondant à l'entrée du canal Tourlouri, des sondages de 3 et 4 brasses. Des îlots, simplement désignés par les mots *terres basses et noyées*, sont épars au Nord d'une grande île (Isle Carpori ou terre des Ilapins) évidemment formée par les embouchures de l'Araguari. La rivière d'Araguary débouche par son bras

1. Archives du Ministère des Affaires étrangères (Dépôt géographique), n° 22 de l'atlas.
2. Nos 19 et 19 *bis* de l'atlas.

septentrional au fond d'une baie qui n'a pas reçu de nom. Si l'on compare cette carte de 1729 à celle de De l'Isle en 1703, on voit que la baie de Vincent Pinzon y subit un rapprochement marqué vers le Cap de Nord, dont elle n'est éloignée que d'une dizaine de lieues communes.

Témoignage de La Condamine. — Les résultats du voyage de La Condamine sont sensibles dans les cartes ultérieures de d'Anville. A l'issue de son exploration de l'Amazone, La Condamine partit de Para le 29 décembre 1743 et se rendit en canot à Cayenne, où il n'arriva que le 26 février 1744. Pendant ce long trajet il continua de lever la côte et d'observer les latitudes[1]. Il reconnut notamment l'embouchure méridionale de l'Araguary, qu'il appelle « la grande bouche[2] », et en face de laquelle se trouve une île qu'il nomma *île de la Pénitence* en mémoire des douze jours qu'il fut forcé d'y passer en attendant que la fin des marées de pleine lune permît de doubler le Cap de Nord[3]. Il releva la latitude du Cap de Nord (d'après lui 1°51′ N.), avec d'autant plus de soin qu'il resta pendant sept jours échoué sur un banc de vase en vue de ce cap. Enfin, dit-il, « quelques lieues à l'Ouest du Banc des sept jours et par la même hauteur, je rencontrai une autre bouche de l'Arawari, aujourd'hui fermée par les sables. Cette bouche et le profond et large canal qui y conduit en venant du Nord, entre le continent du Cap de Nord et les isles qui couvrent ce cap, sont la rivière et la baye de Vincent Pinçon[4] ».

Chargé de rédiger et de combiner les matériaux rapportés par La Condamine, d'Anville ne se contenta pas d'en tirer la petite carte publiée en tête de la Relation[5]; il en fit la base des travaux qu'il préparait sur cette partie de l'Amérique. Il existe dans la

1. La Condamine, *Relation*, etc., p. 198.
2. Id., *ib.*, p. 193.
3. Id., *Journal d'un voyage fait par ordre du Roi à l'Équateur*, etc., 1751, p. 201.
4. Id., *Relation*, etc., p. 198 : « ... Les Portugais de Para, ajoute-t-il, ont eu leurs raisons pour les confondre avec la rivière d'Oyapoc, dont l'embouchure, sous le cap d'Orange, est par 4°15′ de lat. N. L'article du Traité d'Utrecht qui paraît ne faire de l'Oyapoc et de la Rivière de Pinzon qu'une seule et même rivière, n'empêche pas qu'elles ne soient en effet à plus de 50 lieues l'une de l'autre. Ce fait ne sera contesté par aucun de ceux qui auront consulté les anciennes cartes et lu les auteurs originaux qui ont écrit de l'Amérique avant l'établissement des Portugais au Brésil. »
5. N° 23 de l'Atlas. — *Relation*, etc., préface, p. XVI.

collection des manuscrits de ce géographe qui est conservée aux archives des Affaires étrangères une carte faite de sa main et datée de mai 1745[1]. On y retrouve, à plus grande échelle et avec quelques détails de plus, le travail qu'il inséra, trois ans plus tard, dans sa belle carte de l'Amérique méridionale. Conformément au témoignage de La Condamine, il a déplacé vers l'Ouest la baie de Vincent Pinzon. Les îlots innommés de la carte de 1729 prennent le nom d'Isle Maraca. La position de la baie par rapport à cette île et à l'embouchure septentrionale de l'Araguary prouvent que d'Anville a pleinement adopté les conclusions de La Condamine.

Carte de d'Anville en 1748. — Cette partie, dessin et nomenclature, est exactement transcrite dans la carte de 1748, sauf deux différences : le nom de baie de Vincent Pinzon ne s'y trouve plus ; une ligne ponctuée marque la frontière. Cette limite atteint le cap de Nord à l'angle formé par un brusque changement de direction de la côte. Il est naturel de rapprocher cette indication de celle que nous avons implicitement relevée dans la carte de 1729. Pour d'Anville la vraie limite d'Utrecht est le cap de Nord. Il y a là, non un empiètement, mais une interprétation, dont les raisons ne sont pas difficiles à découvrir. En prévision des difficultés renaissantes qui devaient résulter des changements physiques auxquels cette région deltaïque est exposée, son esprit net et précis ne voyait pas de meilleur moyen d'interpréter sainement le traité d'Utrecht. Cette interprétation ne portait nulle atteinte au droit obtenu par le Portugal de rester seul maître de l'embouchure amazonienne. Elle avait l'avantage de ne pas mettre la frontière à la merci des caprices d'un flot de marée et d'un banc de sable[2].

Carte de Mentelle. — Une preuve de l'activité du gouvernement de Cayenne, dans les territoires entre l'Oyapok et le cap de Nord, nous est donnée par la carte de Simon Mentelle[3]. Elle résume les travaux déjà exécutés auparavant dans cette partie de la colonie par Dessingy en 1774[4], par Labbé et Houlet en qualité de « gardiens

1. Archives des Affaires étrangères (Dépôt géographique), n° 24 de l'Atlas.

2. Telle était aussi l'opinion qu'exprimait, en 1732, Maurepas, alors ministre, dans sa dépêche du 30 septembre à M. de Lamirande, gouverneur de la Guyane : « Il faut... se souvenir que le cap Nord est la principale limite. » (Citée par A. de Saint-Quentin, *ouvr. cité*, p. 30, d'après le *Code de la Guyane*, t. I, p. 505).

3. Archives du Ministère des Affaires étrangères, n° 2561. N° 34 de l'atlas.

4. Une reconnaissance, exécutée par le géographe Dessingy, de la côte entre

des limites », et enfin par lui-même. Il avait été envoyé, en 1782, dans le sud de la Guyane, avec mission de « reconnaître quelle ligne de démarcation sensible pourrait être établie entre la Guyane française et les possessions portugaises, en partant du point où la rivière de Vincent Pinçon, adoptée pour borne, cesse de séparer les deux colonies[1] ». Cette carte fournit donc un document original propre à nous éclairer sur l'état physique des terres du cap de Nord vers la fin du XVIIIe siècle. Quoique le nom de Vincent Pinzon ne s'y trouve pas, la situation du poste, abandonné au moment de la carte, ne laisse aucun doute sur la position qui lui était attribuée par l'auteur. Pour la première fois le nom d'Aragouary, toujours donné jusqu'alors à la rivière débouchant au fond du canal de Tourlouri, est remplacé par celui de Carapapouri. Cette rivière sort du *cri* de Macari ; ce n'est donc pas à l'embouchure qu'elle est obstruée, comme on aurait pu le croire d'après les termes de La Condamine, mais en amont, puisqu'on nous dit qu' « elle prend naissance dans des marécages ». Les explorateurs n'ont pas, à ce qu'il semble, pénétré jusqu'à ces marais ; mais ils se sont avancés le long d'un affluent de gauche du Carapapory, la Manaye actuellement rivière Fréchal, où bientôt des rapides, des sauts, une « grande montagne » et des élévations ont frappé leurs yeux. Ce n'est pas une coïncidence sans valeur, qui nous fait retrouver sur ces cartes dressées par des ingénieurs du XVIIIe siècle, à quelques lieues dans l'intérieur, et précisément au point jusqu'où pouvaient s'avancer les barques des explorateurs d'autrefois dans leur recherche de richesses minérales, des accidents de terrain qui rappellent ce mot *montañas* rencontré plusieurs fois près de la rivière de Vincent Pinzon dans les cartes du XVIe siècle. On a vu que le procès-verbal d'Amaral parle aussi d'élévations de terrain à distance de l'embouchure. On peut, sur ce point, compléter le témoignage de Mentelle par celui qu'apportent les reconnaissances hydrographiques accomplies par la marine brésilienne, pendant les années 1862-64. La feuille d'Amapa, extraite de l'Atlas d'Azevedo[2], trace des « *collinas* » et des accidents de terrain vers 1° 30′ de latitude Nord.

l'Oyapok et le Cap de Nord, donna lieu en 1774 à une carte qui existe au Dépôt de Cayenne (Saint-Quantin, *ouvr. cité*, p. 31).

1. Id., *ib.*, p. 32 (Extrait du Mémoire de Mentelle).

2. N° 35 de l'Atlas. La feuille est extraite du grand Atlas intitulé : José da Costa Azevedo, *Traballos hydrographicos ao Norte do Brasil, nos annos* 1862-1864.

CHAPITRE XVI

CARTES ÉTRANGÈRES

Cartes espagnoles et portugaises relatives au traité de 1750. — Limite de l'évêché de Para en 1759. — Cartes anglaises du XVIIIe siècle. — Valeur de leurs témoignages dans la question. — Jefferys (1753). — John Gibson (1763). — Edw. Thompson (1783). — Carte hollandaise de J. Hartsinck.

Passons à l'examen de documents étrangers, non suspects de partialité en faveur de l'interprétation française.

En 1749, les plénipotentiaires d'Espagne et de Portugal discutaient, à Madrid, le règlement de frontières des deux États dans l'Amérique du Sud. La question ne s'appliquait pas seulement aux rives de la Plata, mais à celles de l'Amazone. Des cartes furent dressées à l'occasion du traité, qui fut conclu le 13 janvier 1750. Elles ont été reproduites aux n°s 26 et 28 de l'atlas. L'une a été faite en 1749, c'est-à-dire pendant les négociations ; l'autre est une copie exécutée en 1751 de la précédente. Elles ont toutes deux la même légende, en langue portugaise. La carte de 1749 porte le nom de Baie de Vincent Pinçon exactement placé comme dans La Condamine. Par une légère variante, la carte de 1751 écrit R. de Vincent Pinçon en face, mais un peu au Nord de l'île Maraca. Ni l'une ni l'autre ne tracent de limite à travers la Guyane ; la ligne séparative s'arrête entre l'Orénoque et l'Essequibo, fixant ainsi la frontière de la Nouvelle-Grenade, mais réservant celle de la Guyane ou Nouvelle-Andalousie. Cela n'a pas empêché le Portugal d'étendre sa teinte jaune, sur la carte de 1749, jusqu'au cap d'Orange. Mais, par une singulière inconséquence, la *baie* (1749) ou la *rivière* (1751) de Vincent Pinzon figurent l'une et l'autre aux environs du deuxième degré de latitude.

Si les cartes de 1749 et de 1751 nous renseignent sur les clauses définitives du traité, un document tiré des Archives du Secrétaire d'État des Affaires étrangères d'Espagne fournit quelque lumière sur l'étendue qu'embrassèrent les négociations. Un projet topographique, « borrador topografico »[1], dont la reproduction, rédigée en langue espagnole, figure dans l'Atlas, retrace deux lignes de délimitation qui, partant de l'Amazone en amont du confluent de l'Yapura, franchissent l'Équateur et aboutissent toutes deux à l'Atlantique vers le 1er degré de latitude septentrionale. L'une de ces limites représente « la ligne ancienne occupée par les Portugais avant les préliminaires » : on y reconnaît la frontière qui, dans la carte publiée par d'Anville en 1748, sépare en effet la Guyane et les possessions portugaises. L'autre ligne désigne « la ligne séparative nouvellement convenue dans les préliminaires de paix ». Elle se sépare de la précédente sur l'Yapura, qu'elle remonte jusqu'au nord de l'Équateur, au lieu de le croiser au sud : sur ce point elle est donc plus favorable aux intérêts portugais, et leur adjuge un accroissement de territoire que confirme, en effet, la carte de 1751. Mais, après avoir atteint le premier degré de latitude septentrionale, elle s'arrête et suit ce parallèle jusqu'à l'Atlantique. Immédiatement au nord du point de la côte vers lequel convergent les deux lignes, on lit ces mots significatifs : *Parte de la Cayena francesa*.

Voilà donc un document espagnol, ayant servi aux négociations entre l'Espagne et le Portugal, dans lequel la « Cayenne française » s'étend jusqu'à 2° au moins vers l'Équateur, au lieu de se terminer vers le 4° de latitude Nord, comme l'eût exigé l'interprétation portugaise.

Limites de l'évêché de Para. — Les frontières du traité hispano-portugais du 13 janvier 1750 sont tracées de façon à laisser en territoire portugais les missions instituées par leurs nationaux sur les rives de l'Amazone et du rio Negro. C'est là surtout que se portait, à cette époque, l'activité portugaise. Sur les missions, les cartes de 1749 et 1751 deviennent muettes aux approches de la Guyane. Mais nous savons, grâce à une carte portugaise dont une copie a été rapportée par le comte de Castelnau[2], quelles étaient, en 1759, les paroisses relevant de l'évêché de Para. La limite ecclésiastique coïncide avec la limite politique. La *freguezia*

1. N° 27 de l'atlas.

2. Archives du Ministère des Affaires étrangères (Dépôt géogr.), n° 30 de l'atlas. La carte a pour titre : *Mappa geral do Bispado do Para repartito nas suas freguezias que nelle fundo e erigio M° Oex^{mo} e Rev^{mo} S^{nr} D. Fr. Miguel de Bulhoës*, 3° *Bispo do Para*. Elle a été construite par l'ingénieur Henrique Antonio Galluzzi. — La carte s'arrête au 2e degré de lat. N.

la plus avancée vers le Nord est celle de Macapa. Les circonscriptions des paroisses sont tracées par des lignes : celle de Macapa est bornée au Nord par l'Araguary.

Les seules missions établies au XVIIIe siècle dans le territoire compris entre le cap d'Orange et l'Araguary, le furent par les autorités françaises. Tandis que sur cette marche frontière les Portugais cherchaient à disperser autant que possible les indigènes, afin d'écarter toute approche française des rives de l'Amazone, les gouverneurs intelligents qui se succédèrent à partir de 1766 à Cayenne, s'attachèrent à grouper les Indiens autour de points fixes. Il y eut, en 1776, sous l'administration de Malouet, deux missions établies, l'une sur le Counani, l'autre sur le Macari[1]. On voit, par la carte de Mentelle, qu'elles étaient abandonnées en 1788. Mais elles furent réoccupées dans la suite ; elles existent encore actuellement, à peu près sur les mêmes points. L'une est celle de Conani, l'autre est celle de Mapa. Elles sont entre les mains de la Congrégation des Pères du Saint-Esprit, et font partie de la « Mission de la Guyane française ou de Cayenne[2] ».

Cartes anglaises. — Les différents changements politiques et territoriaux survenus en Amérique pendant le cours du XVIIIe siècle, furent enregistrés avec soin par les cartographes anglais.

Pour la période comprise entre le traité d'Utrecht et celui de Paris, nous citerons la carte de l'Amérique du Sud publiée en 1753 par Thomas Jefferys, géographe de Son Altesse royale le Prince de Galles. La frontière méridionale de la Guyane française est tracée par une ligne qui, comme dans la carte de d'Anville en 1748, aboutit au cap Nord[3].

Après le traité de Paris, en 1763, John Gibson consigne dans une carte générale d'Amérique les récents remaniements territoriaux. Le cap « North » sépare le mot *France* du mot *Portuguese*[4].

1. Ces missions sont indiquées sur une carte manuscrite de la Guyane française « dressée d'après plusieurs nouvelles reconnaissances », datée de 1788 (*Service hydrogr. de la marine*, portef. 163, divis. 2, pièce 25).

2. *Missiones catholicæ cura S. Congregationis de propaganda fide descriptæ in annum MDCCCXC.* Rome, 1890, p. 478. On lit, dans ce volume, au chapitre intitulé : *Guyana gallica seu Cayennæ missio*, ces mots (p. 478) : « Stationes sunt 2. Conani et Mapa in regione *Terrain contesté*. »

3. Archives du Ministère des Affaires étrangères (Dépôt géog.), n° 29 de l'Atlas. On lit en légende : *published according to act of Parliament*, Feb. 1753, etc.

4. *Carte générale d'Amérique* en 1763 (Bibliothèque du Service hydrogra-

En 1783, date du traité de Versailles, paraît la carte de Guyane, faite d'après les observations du capitaine Edward Thompson qui pendant la guerre avait été chargé du gouvernement de la Guyane conquise sur les Hollandais[1]. Elle enregistre les prétentions des deux parties : à l'Oyapok, elle écrit « baie de Vincent Pinçon suivant les Portugais ; dans le canal qui sépare l'île Maraca du continent, elle écrit « Pentecost bay ou baie de Vincent Pinçon d'après La Condamine ». Toutefois l'appréciation personnelle de l'auteur se fait jour : les mots *French Guyana* et *Portuguese Guyana* sont disposés en conformité avec l'interprétation française, et au-dessous des mots *Vincent Pincon's Bay*, on lit ces mots explicites : *Boundary of French Guyana according to the treaty of Utrecht.*

Carte de J. Hartsinck. — Un peu avant cette époque, Jacob Hartsinck, membre de l'Amirauté Hollandaise, publiait en 1770 la plus complète description de la Guyane qui eût paru[2]. La petite carte jointe à cet ouvrage contient quelques indications sujettes à critique : elle place le cap Nord à l'extrémité septentrionale de l'île Maraca[3] ; elle attribue le nom de rivière Pinzon à la rivière de Mapa, à l'entrée Nord du canal qui sépare Maraca du continent. Mais le choix entre les doctrines adverses est très net ; la ligne séparative atteint la côte par 2 degrés environ de latitude Nord.

phique de la marine, 4040 A, folio 18, recto. Amérique, Cartes générales). — N° 31 de l'atlas.

1. Minist. des Aff. étr. (Dépôt géogr.), n° 33 de l'Atlas. — Une partie de cette carte a été publiée dans l'atlas de la Commission des États-Unis sur la frontière entre la Guyane britannique et le Vénézuéla (n° 43).

2. *Beschryving van Guyana of de Wilde Kust in Zuid-Amerika*, 1770. Amsterdam, 2 vol., carte (N° 32 de l'Atlas).

3. C'est la première fois qu'on rencontre cette erreur, reproduite plus tard dans quelques cartes. Les cartes les plus autorisées, comme celle d'Azevedo citée plus haut, n'y sont pas tombées. Le « cabo do Norte ou Raso » y figure à sa vraie place.

CONCLUSION

Beaucoup d'erreurs et de confusions auraient été évitées dans le débat auquel a donné lieu le dissentiment de frontières entre la Guyane française et le Brésil, si l'on avait tenu plus de compte du témoignage des cartes. Si imparfaites qu'elles puissent être encore dans le détail, elles montrent des rapports de distances et de positions, auxquels, dans tout ce débat, l'esprit ne saurait être trop attentif. Peut-être en bien des cas auraient-ils suffi pour couper court à des raisonnements auxquels l'habileté de la dialectique prêtait une apparence de force. Il n'y a guère moins de 350 kilomètres entre le cap de Nord et l'Oyapok, les deux points qu'aurait, suivant nos adversaires, confondus d'un trait de plume l'article 8 du traité d'Utrecht. Il y en a environ 220 entre le cap de Nord et Macapa, le poste à propos duquel les deux gouvernements étaient en litige à la veille de la guerre en 1700. L'étape conquise par le Portugal au traité de 1713 n'était assurément pas insignifiante, sans qu'il fût besoin de l'augmenter de plus du double par l'accession de 350 kilomètres de littoral. Après avoir mis un quart de siècle à étendre sa domination de Para à la rive gauche de l'Amazone, le Portugal voyait, un demi-siècle après, sa domination s'étendre jusqu'à l'extrémité septentrionale des embouchures. C'était un résultat territorial qui lui faisait gagner plus de 400 kilomètres vers le Nord, dans l'intervalle qui s'étend de la fondation de Para (1616) au traité d'Utrecht. Et à ce gain territorial s'ajoutait un résultat politique inestimable, celui de se voir réservé le monopole de la navigation de l'Amazone, principal enjeu du litige.

Cependant, ce n'est pas seulement l'esprit, mais la lettre du traité qu'il s'agit d'interpréter. C'est ce que nous avons essayé de faire en étudiant chronologiquement les cartes qui retracent l'état passé : sans craindre de remonter aussi haut que pouvaient le permettre les documents qui nous sont parvenus ; car il importait d'en établir la filiation.

Ce voyage à travers les cartes nous conduit à plusieurs résultats. D'abord à nous rendre compte de la situation un peu complexe qui a fourni plus tard le moyen d'obscurcir la question. Cette obscurité est venue surtout de deux causes. L'une, c'est que l'exploration des côtes de l'Amazone et de la Guyane s'est faite lentement, à diverses époques et par des peuples différents. Comprises dans le domaine de la domination espagnole, elles furent longtemps négligées par elle. Si les embouchures de l'Amazone avaient sollicité son attention, on n'aurait pas vu une ressemblance fortuite de noms créer une équivoque dans laquelle se débattit la cartographie jusqu'à la fin du XVIe siècle. A cette époque les marines du Nord de l'Europe relevèrent avec précision les côtes de la Guyane. Mais alors une nomenclature nouvelle se substitua à celle qu'avaient imposée les découvreurs primitifs ; et ce changement vint apporter un élément de confusion, bien que la persistance, chez les écrivains et les cartographes espagnols, italiens et portugais, du nom de la rivière Vincent Pinzon, ne soit pas douteuse.

Changements physiques. — L'autre cause est plus grave. C'est l'instabilité physique de la côte qui succède immédiatement vers le Nord-Ouest à l'embouchure de l'Amazone. Poussée par les courants, « l'eau trouble et fangeuse » que signalent au large les anciennes cartes marines, dépose des atterrissements le long de cette côte ; et cette cause d'instabilité reçoit un renfort puissant d'accumulations de débris qu'entasse, dans ces parages, la violence des mascarets. Dans le cours de la période sur laquelle les cartes marines nous fournissent des renseignements précis, c'est-à-dire depuis le commencement du XVIIe siècle jusqu'à nos jours, nous constatons des changements importants. Ainsi, il n'y a pas de fait mieux attesté que l'existence, au XVIIe siècle, d'une communication libre à travers les terres du cap de Nord par deux branches de l'Araguary, l'une débouchant au Sud, l'autre à l'Ouest de ce cap : cette communication avait cessé au milieu du siècle dernier.

Autre exemple : Vers la fin du XVIe siècle les cartes montrent une île peu étendue située vers le Nord-Ouest du cap de Nord ;

Dudley l'appelle île Pinçon. Plus tard elles nous montrent un archipel de terres basses : c'est le nom que leur donne la première carte de d'Anville. Enfin de la soudure de ces terres basses il se forme une île à demi noyée de marécages, mais dont l'étendue est certainement supérieure à ce qu'elle était au XVIe siècle. C'est l'île que, depuis La Condamine, les cartes appellent Ile Maraca, et sur laquelle quelques cartographes mal inspirés ont transporté l'ancien et seul véritable cap de Nord.

Ces changements, authentiquement constatés, nous guident dans l'interprétation des images beaucoup plus sommaires, dignes d'attention toutefois, que retracent les anciennes cartes du XVIe siècle. Quand on y voit un fleuve considérable se jeter dans l'Océan à peu de distance vers l'ouest du point de la côte dont l'identité avec le futur cap de Nord n'est pas méconnaissable, on est autorisé à admettre que ce fleuve n'est autre que l'Araguary. Si ce n'était pas l'unique embouchure, c'était du moins la principale. Les déplacements des chenaux fluviaux par obstruction, avec les formations de lacs intérieurs ou de marais qui en sont la conséquence, sont des faits qui n'ont rien de bien rare dans les régions deltaïques de climats tropicaux[1].

Tout en tenant compte de ces difficultés, et sans prétendre les dissiper toutes, on peut dégager les éléments d'une réponse précise sur la question de droit historique qui divise les deux gouvernements.

1° En premier lieu, nous avons reconnu que c'était dans les cartes espagnoles issues ou inspirées de Séville qu'il fallait chercher la tradition authentique à laquelle se rattache le nom de rivière de Vincent Pinzon. Ce nom se fixe, vers une date que nous ne pouvons suivre positivement que jusqu'en 1538, à une place d'où il ne dévie dans aucun des documents qui s'inspirent des sources espagnoles. Si certaines cartes de filiation différente lui attribuent une position plus écartée vers le Nord-Ouest, nous avons reconnu que cette divergence tient à une confusion dont nous avons expliqué la cause.

1. Voici un exemple. Si l'on examine sur une carte qui ne soit pas à trop petite échelle, soit sur la carte du nord-est de la Chine, publiée (en anglais) par Ch. Waeber en 1893, la région de l'embouchure du Yang-tsé-Kiang, on reconnaît que la baie de Hang-tcheou représente une embouchure plus méridionale, aujourd'hui oblitérée. Comme dans le delta de l'Araguary, une série de lacs intérieurs parsème l'espace intermédiaire entre les embouchures, simultanées ou successives, du fleuve.

2° Le choix des navigateurs et des cartographes qui se préoccupèrent, dès la fin du XVIe siècle, d'identifier les principaux noms de l'ancienne tradition avec ceux de la nouvelle, ne s'égara point. Partout les cartes de Mercator et celles qui en étaient une imitation avaient popularisé l'image d'une grande rivière débouchant, sous le nom de rivière de Vincent Pinzon, entre 1 et 2 degrés de latitude Nord : c'est d'après ce signalement que Laurent Keymis, que Dudley lui restituent sa place. Parmi les fleuves côtiers de la Guyane, l'Iwaripoco, auquel Keymis l'assimile, est le plus grand, « very great ». Il se place au voisinage immédiat du cap de Nord, et non du cap d'Orange, entre lesquels, depuis 1596, la distinction est parfaitement nette sur les cartes. Guillaume de L'Isle, en rétablissant le nom de baie de Vincent Pinzon sur sa carte de 1703, suit la tradition de ces devanciers.

3° Le mot Japoc, origine de tant de controverses et d'équivoques, n'est pas un synonyme, généralement connu comme tel, de la rivière Vincent Pinzon. S'il y a un Yapoc ou Oyapoc que tout le monde connaît au cap d'Orange, il existe, au voisinage du cap de Nord, un autre Yapoc ou Japoc, ou Wiapoco, que les Français ont appris à désigner ainsi par leurs rapports commerciaux avec les indigènes. Nous avons établi que non seulement des noms de même racine tels que Yaos, Yaïs, Awaripoco, etc., étaient localisés aux environs du cap de Nord, mais que la contrée elle-même portait, au commencement du XVIIe siècle, le nom d'Yapoco.

Sans doute il est permis de regretter que l'article 8 du traité d'Utrecht ait adopté pour délimitation une rivière, qui existait certainement encore à cette date comme bras de l'Araguary, mais qui était déjà menacée par le travail d'atterrissement très actif sur cette côte. Cet inconvénient frappa, dès les premières années qui suivirent le traité, le géographe clairvoyant qu'était d'Anville ; et nous avons vu comment il essaya d'y pourvoir. Toutefois l'aspect des lieux retraçait encore très nettement pour La Condamine l'ancienne et traditionnelle disposition du cours fluvial. Ce bras, déjà obstrué alors, continua cependant pendant quelques années encore à être désigné sur les cartes sous le nom d'Araguary.

Le droit historique ne saurait donc être douteux à nos yeux. Ce n'est pas seulement une réponse négative qui nous est suggérée par cette étude. Le Brésil lui-même semble avoir senti, notamment au cours des négociations de 1856, combien il était impossible de maintenir, contre l'esprit et la lettre du traité d'Utrecht, la prétention de se borner à l'Oyapoc du cap d'Orange. Elle est en contradiction notoire avec les cartes anciennes, comme le faisait déjà remarquer La Condamine[1]. Et quand on consulte les cartes postérieures à Utrecht, publiées en dehors des deux parties intéressées, on constate que plus on se rapproche de la date du traité, plus elles s'accordent à condamner l'interprétation portugaise.

Il est permis d'aller plus loin et de se rallier à une conclusion positive. La rivière qui fut choisie au traité d'Utrecht pour servir de limite entre les possessions françaises et portugaises, doit être regardée comme la première rivière importante qui se trouvait vers l'Ouest, en partant du cap de Nord. C'était encore en 1713 une grande rivière, bien que menacée. Ces caractères, nettement fixés par le témoignage des anciennes cartes espagnoles, ne permettent pas de la confondre avec les fleuves côtiers moins importants qui débouchent au nord du deuxième degré de latitude. Aujourd'hui l'embouchure fluviale sur laquelle se sont successivement posés les noms de Vincent Pinzon et d'Araguary, détachée du tronc principal, s'appelle Carapapori ou Macari. Elle est située par 1°51'20" de latitude Nord, et se trouve, par conséquent, au sud de l'île Maraca. L'embouchure actuelle de l'Araguary, située par 1°14' de latitude Nord, correspond à l'ancien bras méridional de ce fleuve. C'était déjà le bras principal à l'époque du traité d'Utrecht; c'est aujourd'hui le chenal unique par lequel, en temps ordinaire, l'Araguary verse ses eaux à la mer.

ANNEXE

PROCÈS-VERBAL

EXTRAIT DES ARCHIVES PUBLIQUES DE LA VILLE DE BELEM DO PARA

« Le 19e jour du mois de juillet de l'an 1723 de la naissance de Notre Seigneur Jésus-Christ, dans cette ville de Belem do Gram-Para, et dans la maison où réside le docteur José Borges Vallerio, membre de la Cour d'appel de Sa Majesté, que Dieu protège, son Premier Juge (Ouvidor geral com alçada) et « Juiz de justificações » dans cette Capitainerie et dans les Capitaineries annexées ; à l'endroit ci-dessus indiqué, ce même juge m'a remis une ordonnance du Gouverneur et Capitaine Général de l'État, João da Maya da Gama, en vertu de laquelle ordonnance des témoins devaient être interrogés et procès-verbal dressé de leurs déclarations, pour être annexé à ladite ordonnance ; et moi, Dioigo Leitão d'Almeida, Greffier, par ordre dudit Docteur Premier Juge (Ouvidor geral), j'ai dressé procès-verbal du tout et je l'ai annexé à l'ordonnance comme il suit :

« Ayant trouvé, au sujet des Terres du Cap du Nord, parmi les ordonnances de Sa Majesté, que Dieu protège, qu'Elle avait prescrit à mon prédécesseur de s'informer et vérifier si des bornes frontières avaient été placées sur la ligne de partage des domaines de Sa dite Majesté et de ceux de la Couronne de France, et si les vassaux de cette dernière, contrairement au traité signé à Utrecht, dépassaient ces bornes, et pénétraient sur notre territoire ; et ayant examiné ce que mon prédécesseur avait répondu à ce sujet, réponse qui m'a paru insuffisante étant données l'importance de la matière et les instructions qu'au sujet de cette réponse j'avais apportées avec moi ; j'ai envoyé, pour répondre à ces instructions, une information exacte, information contenant les renseignements nécessaires, au sujet de laquelle j'attendais des ordres ultérieurs par la flotte qui vient d'arriver ; pour bien exécuter ces instructions, il m'a paru convenable de faire une enquête exacte sur ce sujet, et, bien que j'y aie apporté le plus grand soin, je n'ai pu trouver de personne âgée ou jeune ayant vu les bornes dont il est question, ou ayant connaissance qu'elles aient été placées, ni sachant à quel endroit se trouve la rivière de Vicente Pinson, nommée Yapoco dans les cartes françaises et Uayapoco par les indigènes; et voulant éclaircir une question si importante, j'en ai chargé le capitaine João Paes do Amaral, officier très brave, très prudent, actif et dévoué au service du Roi, et que j'étais fermement convaincu être le plus capable de conduire cette entreprise et d'exécuter toutes les instructions que j'avais à lui donner; et, étant, en effet, parti avec trois chaloupes de guerre garnies d'infanterie, il doubla la pointe de Macapa, que quelques ignorants appelaient Cap du Nord, et ensuite, selon mes instructions, il se hasarda à doubler à grand'peine le vrai Cap du Nord, ayant risqué grandement sa vie, car, à trois ou quatre reprises, les chaloupes reçurent beaucoup d'eau et furent près de sombrer sous les grandes lames du mascaret et par la force des courants qui s'entre-croisaient à travers tous les bas-fonds et les canaux de cet endroit; sans son courage et sa ténacité, il n'aurait pas pu accomplir sa mission: mais, ayant surmonté toutes les difficultés, il parvint à la rivière nommée Guanani, croyant se trouver déjà à la rivière de Vicente Pinson, d'après ce que lui disait un des guides; il parla de cette rivière aux indigènes, lesquels l'informèrent que plusieurs Français se trouvaient dans une rivière plus petite nommée Guairapa qu'il avait déjà dépassée; et, revenant sur ses pas pour les trouver, il leur demanda ce qu'ils faisaient ou venaient chercher sur les terres et domaines de Sa Majesté, que Dieu protège; ils répondirent qu'ils venaient acheter des perroquets et autres animaux; qu'ils n'étaient pas venus par mer et en suivant la côte qui appartient à la couronne du Portugal, mais qu'ils avaient pénétré par la rivière de Vicente Pinson nommée Yapoco, et ensuite par terre, allant de village en village, parmi les Indiens leurs amis; et le susdit officier les ayant sommés de partir sur-le-champ et de s'en retourner à leur territoire sous peine d'être emmenés prisonniers, ils s'en allèrent; après quoi, quelques Indiens déclarèrent qu'ils étaient en train d'acheter des esclaves et tout ce qu'ils trouvaient, qu'ils favorisaient et aidaient le rebelle Guaima, chef des Aroans, et qu'ils l'avaient induit à manquer d'obéissance à Sa Majesté, que Dieu protège, et à attaquer le village de Moribira non loin de notre ville, et que ces Français cachaient le susdit rebelle; et le susdit Capitaine, en observant effectivement mes instructions, au prix de dangers, d'efforts et de privations, atteignit enfin la véritable rivière de Vicente Pinson, et, ayant cherché à son embouchure et au-dessus de cet endroit les bornes en question, il n'en a pas trouvées, non plus qu'un terrain assez solide pour qu'on ait pu les y établir; et voyant qu'on apercevait au delà de la rivière quelques élévations de terrain, il fit tous les efforts et mit tout le soin nécessaire pour découvrir les bornes et il eut enfin la bonne fortune de voir son travail et son zèle couronnés de succès. Faisant l'ascension d'une montagne presque taillée à pic ou présentant peu d'escarpement jusqu'au milieu, ils trouvèrent une pierre de roche naturelle, laquelle avait été taillée presque en forme de carré ayant un peu plus de trois palmes de long, coupée sur les côtés et hors de terre d'un peu plus d'une palme ; et sur cette pierre ils ont trouvé sculptées des armes qui, d'un côté, ressemblent à celles du Portugal, car on y voit les cinq playes ou écussons royaux, et, de l'autre côté, des tours et un lion ; et autour de cette pierre il s'en trouvait d'autres, dressées comme témoins ou gardes de cette borne ; et l'une de celles qui se trouvaient du côté des écussons du Portugal présentait une croix comme celle de l'ordre du Christ, ce qui semblait prouver infailliblement que c'est la borne signalant la ligne de séparation entre les domaines du Portugal et de Castille, qu'elle y ait été placée l'an..... sous l'Empereur Charles V, comme racontent les Histoires, ou l'an 1637, sous Filippe, lorsqu'il a fait don de la Capitainerie du Cap du Nord à Bento Maciel Parente ; et comme il est nécessaire et utile au service de Sa Majesté ainsi qu'à la préservation de ses domaines et pour éviter des contestations qui pourraient s'élever entre les couronnes de France et du Portugal, que les faits ci-dessus mentionnés soient établis d'une façon authentique, j'ordonne au docteur Premier Juge (Ouvidor Geral) de faire dresser procès-verbal des témoignages de tous ceux qui ont vu les susdits Français, de leur faire déclarer l'endroit où ils les ont rencontrés, ce qu'ils ont entendu dire aux Indiens, et aussi ce qui est relatif à l'entrée dans la rivière de Vicente Pinson, à l'ascension de la susdite montagne, à la borne frontière, aux marques qu'ils y ont examinées, au côté de la rivière où elle se trouve, car par cette borne il est prouvé que toute l'embouchure de la rivière Vicente Pinson appartient à la couronne portugaise et fait partie des domaines de Sa Majesté, que Dieu protège ; et ce procès-verbal une fois dressé, il m'en délivrera trois copies, l'original devant rester en bonne garde et, en outre, être enregistré dans les livres du Trésor royal (Fazenda Real), de la Municipalité (Senado do Camara) et du Greffe du Premier Juge (Ouvidoria Geral), parce que cela est utile au service royal. — Belem do Para, ce 12 juillet 1723. — (Signature du Gouverneur), João da Maya da Gama. »

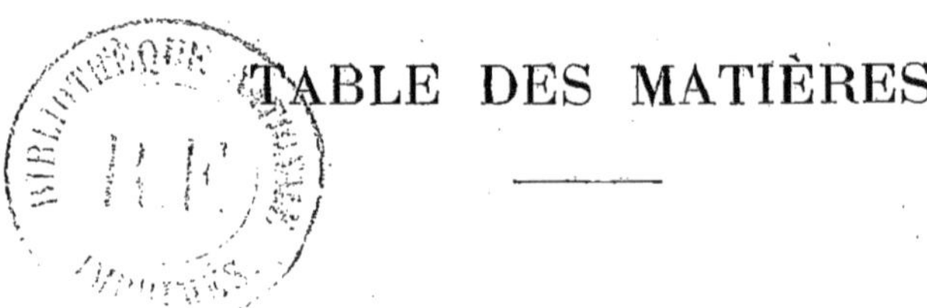

TABLE DES MATIÈRES

CONCLUSION

TABLEAUX

CHARTRES. — IMPRIMERIE DURAND, RUE FULBERT.

BIBLIOTHÈQUE

DE LA

FACULTÉ DES LETTRES DE L'UNIVERSITÉ DE PARIS

I. — **De l'authenticité des Épigrammes de Simonide,** par Amédée Hauvette, professeur adjoint de langue et de littérature grecques à la Faculté. 1 vol. in-8°. . . . . 5 fr.

II. — **Antinomies linguistiques,** par Victor Henry, professeur de sanscrit et de grammaire comparée des langues indo-européennes à la Faculté. 1 vol. in-8°. . . . . 2 fr.

III. — **Mélanges d'histoire du moyen âge,** publiés sous la direction de M. le Professeur Luchaire, par MM. Luchaire, Dupont-Ferrier et Poupardin. 1 vol. in-8°. . . . . 3 fr. 50

IV. — **Études linguistiques sur la Basse-Auvergne. Phonétique historique du patois de Vinzelles,** par A. Dauzat, licencié ès-lettres. Préface de A. Thomas, chargé du cours de philologie romane à la Faculté. 1 vol. in-8°. . . . . 6 fr.

V. — **La Flexion dans Lucrèce,** par A. Cartault, professeur de poésie latine à la Faculté. 1 vol. in-8°. . . . . 4 fr.

VI. — **Le Treize Vendémiaire an IV,** par Henry Zivy, étudiant à la Faculté. 1 vol. in-8°. . . . . 4 fr.

VII. — **Essai de reconstitution des plus anciens mémoriaux de la Chambre des Comptes de Paris** (*Pater, Noster*[1], *Noster*[2], *Qui es in cœlis, Croix, A*[1]), par MM. Joseph Petit, archiviste aux Archives nationales, Gavrilovitch, Maury et Teodoru, avec une préface de Ch.-V. Langlois, chargé de cours à la Faculté. 1 vol. in-8°, avec une planche hors texte. . . . . 9 fr.

VIII. — **Études sur quelques manuscrits de Rome et de Paris,** par Achille Luchaire, professeur d'histoire du moyen âge à la Faculté. 1 vol. in-8°. . . . . 6 fr.

IX. — **Étude sur les Satires d'Horace,** par A. Cartault, professeur de poésie latine à la Faculté. 1 vol. in-8°. . . . . 11 fr.

X. — **L'Imagination et les Mathématiques selon Descartes,** par Pierre Boutroux, licencié ès-lettres. 1 vol. in-8°. . . . . . 2 fr.

XI. — **Étude sur le dialecte alaman de Colmar (Haute-Alsace),** par Victor Henry, professeur de sanscrit et de grammaire comparée des langues indo-européennes à la Faculté. 1 vol. in-8°. . . . . . 7 fr.

XII. — **La main-d'œuvre industrielle en Grèce,** par P. Guiraud, professeur adjoint à la Faculté. 1 vol. in-8°. . . . . 6 fr.

XIII. — **Mélanges d'histoire du moyen âge,** publiées sous la direction de M. le professeur Luchaire, par MM. Luchaire, Halphen, Huckel, 1 vol. in-8°. . . . . 6 fr.

XIV. — **Mélanges d'Étymologie française,** par Antoine Thomas, professeur de littérature du moyen âge et philologie romane à la Faculté. 1 vol. in-8°. 7 fr.

XV. — **La Rivière Vincent Pinzon.** *Étude sur la cartographie de la Guyane,* par P. Vidal de la Blache, professeur de géographie à la Faculté. 1 vol. in-8°. . . . . 6 fr.

CHARTRES. — IMPRIMERIE DURAND, RUE FULBERT.

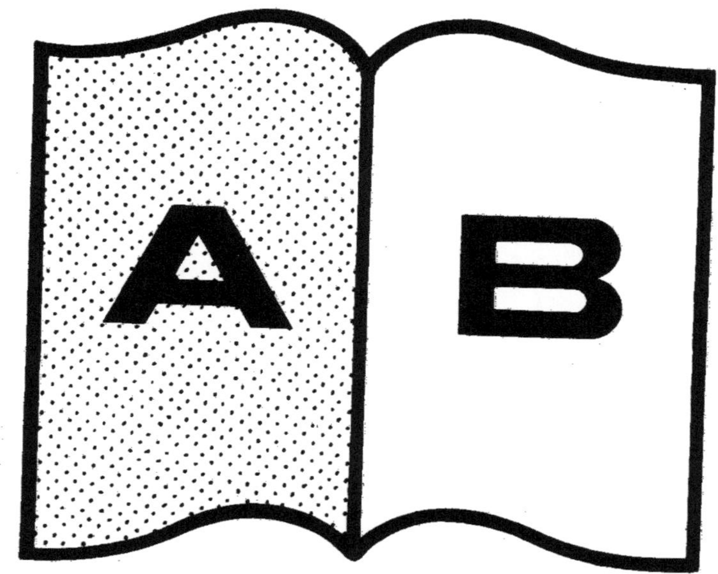

Contraste insuffisant

NF Z 43-120-14

www.ingramcontent.com/pod-product-compliance
Ingram Content Group UK Ltd.
Pitfield, Milton Keynes, MK11 3LW, UK
UKHW020256250726
13967UKWH00004B/1717